知識複利

將內容變現，打造專家型個人品牌的策略

KNOWLEDGE REALIZATION

A Guide to Expert Personal
Branding Management
and Content Monetization
Strategies

何則文 Wenzel Herder ——— 著
高永祺 Kao, Yung Chi

陳沛孺 Peiru Chen ——— 插畫

前言

這本書將如何改變你的人生

　　你現在看到的這本書，可說是個奇蹟，集結了多位領域大老的智慧，醞釀了兩年多，不斷的諮詢專家，優化、修正，最後才得以重磅誕生。除了有兩位作者外，更有超過 10 位的點評人共同加入，分享他們的實戰經驗，點評書中的論點。

　　在今日這個變動快速的時代，似乎每個人都有學習焦慮。許多人加入了大量的線下、線上課程，買了不同領域的書籍，但學習到的知識到底怎樣能為人生加成？我們又到底要怎樣學到知識的內涵，進而內化成我們的工具與服務產品，讓我們為自己創造更多價值呢？

　　這就是本書在思考跟探討的議題。我們先試圖解構大環境的趨勢，接著分析如何更好的把知識內化，變成你可以隨時使用的武器。然後我們再討論如何以知識複利的思維，優化你的專家型個人品牌。最後，我們會談到用各種方法達到價值轉換的境界。

　　這本書中，我們邀請了台大 TMBA 創辦人愛瑞克、女人迷創辦人張瑋軒、知名新創導師陶韻智、成真文創創辦人王孝梅、知名企管顧問言果學習執行長鄭均祥、台灣 ETF 投資學院創辦人李柏鋒、PressPlay 共同創辦人翁梓揚、工作生活家主理人白慧蘭、爆文教練歐陽立中、開課快手創辦人林宜儒、透鏡數位內容創辦人原詩涵、閱讀前哨站站長瓦基、台灣電商顧問股份有限公司董事長陳顯立等多位菁英專家，共同以前輩與創作者的身分，分享他們的實戰經驗。

　　這些寶貴的分享，讓我們得以從各種不同產業的面向去思考：怎樣透過知識創造屬於自己的價值人生。相信這本書可以幫你找到這個變動時代中專屬於你的「知識價值創造方法」，以便更好的掌握人生，成為自己生涯的主宰。現在，讓我們一起打開這本書吧！

目次

第
一
章

進入
「知識複利的後疫情時代」

第 1 節：
全新年代 RISC 趨勢——
遠端、個體、斜槓、社群

　　整個世界再也回不到從前了。新冠肺炎這場黑天鵝事件席捲全球各國，影響了各類型的企業，甚至導致供應鏈中斷，產業鏈重組。雖然疫苗已經問世，但距離回到以往的正常生活，仍有一段遙遠的距離。猶如中世紀黑死病，這個巨變雖然帶來災害，卻進一步加速人類社會的革新與改變。

　　疫情從根本上改變了人類社會與企業組織，改變了工作與生活的型態。我們是誰？我們從事什麼行業？世界如何運作？這些問題都要從根本的意義中重新思考。商業的規則也在改變，許多過去數十年無法達到的境界，縮短在一夕之間達成了。

　　比如說，日本企業傳統上常被譏為「數位轉型不成功」，疫情至今卻出現了快速推進的數位化進程。在新冠肺炎之前，許多日本企業仍使用老式的傳真機作為訊息交換的工具，文書表單仍習慣使用紙本，也習慣面對面拜訪客戶會談。但在疫情之下，日本企業快速導入了數位化的

技術與工具，以因應迫在眉睫的防疫規範（如社交距離）。

　　這不只發生在日本，包括台灣，全世界都為了這場疫情被迫進入遠端化的數位時代。這也代表了這個時代的第一個重要未來趨勢——「遠端」。

REMOTE：
遠端將成為未來時代的基底

　　2020年1月15日，愛爾蘭企業貿易暨就業部（DETE）推出《讓遠端奏效：國家級遠距工作策略》（Making Remote Work: National Remote Work Strategy）政策白皮書，這是少見的、由國家層級針對未來遠端工作模式進行的規劃。

　　Facebook執行長佐伯克也宣示，未來十年內，Facebook會讓超過50％的員工轉換為在家工作的模式，目標是讓Facebook成為「遠端工作最領先的公司」。推特執行長傑克・多西（Jack Dorsey）也做出類似的決定，開放偏好在家工作的員工，疫情結束後仍可遠端上班。

　　許多企業的遠端工作模式一開始只是因應疫期的無奈之舉，後來逐漸發現遠端工作的優點，包括間接提升勞動

參與率、人才的應用突破了時空界限、平衡城鄉區域發展、減少城市交通與住房壓力、改善工作與生活之間的平衡、改善兒童和家庭福祉、降低因交通造成的碳排放和空氣污染等。

當然，也不是所有的公司都力推遠端。Google 針對員工返回辦公室意願調查發現，62％的受訪者希望在特定時間回到辦公室工作。主因是希望能面對面與同事一起工作，維持社交關係，同時也方便溝通協作。當面的溝通協作與社交仍受多數 Google 員工重視，該公司因此也鼓勵「混合式的辦公」。

INDIVIDUAL：
個體崛起，成為自己的老闆

除了遠端已成未來的固定工作模式，另一個就是受到遠端化而帶來的「個體崛起」時代。當人們可以跨越時空限制，以遠端工作模式貢獻自己的專業技能時，**成為自己的老闆**就是後疫情時代的核心關鍵技術，而這同時也意味著**管理自我將成為最重要的能力**。

在家工作讓人對自己的生活擁有更多主導權，這種工

作模式有時幾乎與自由工作的 SOHO 族無異，唯一差異僅在於是否能成為正式員工，享有企業組織提供的社會保險而已。這樣的情況下，將會有許多企業順勢解放受雇員工，改以外包的形式合作。這樣既能增加企業因應不可預測的變動下的彈性，也能降低本身的運營成本。

最有可能被「解放」的受雇員工類別，首推行銷企劃、美術設計、程式編寫、文字編撰等較能獨立作業的職能。比起聘用正職員工，後疫情時代的組織對於分散風險的思維更加敏銳，傾向先尋找外包合作解決問題。這樣的機動應變模式也更能使供應鏈貼近市場需求。

對個人而言，若能開啟接案的機會，或者培養本職之外的外部技能，就能讓自己擁有接案生活的能力。因此，未來時代每個人都會成為一個個的「單人公司」，即便仍在組織內擁有正式聘僱資格，也僅代表雇主是自己的「主要客戶」，若是把雞蛋放在同一個籃子裡，將來有一天這個主要客戶無法繼續給予訂單時，勢必會對個人造成極大衝擊。所以這也讓另一個當代趨勢更加凸顯，那就是「斜槓」。

SLASH：
斜槓讓你主控人生，創造新天地

　　斜槓這個詞已經火熱了兩、三年，在遠端工作與個體崛起下，將進入未來的主流。而斜槓的基本定義，依據《紐約時報》專欄作家麥西・阿爾伯（Marci Alboher）所著《多重職業》（One Person/Multiple Careers）的記載，是「越來越多年輕人不再滿足於專一職業的生活方式，選擇以擁有多重職業和身分的多元生活。」擁有這種特質的人，有時會用斜槓符號（/）來呈現自己一連串的頭銜或身分。

　　疫情讓人更加深刻體會到人生的不可控：生離死別成為許多國家人民必然面對的真實世界，人滿為患的醫院，親友的離去，工作甚至朝夕不保……這種不安全感，讓人們提升了物質之外的精神思想，對人生有更深刻的思索，深切體會到一切的因緣造化都由不得自己。在這樣的情況下，人會益發期待自己能找回生活的主控權，而不只是順著歷史的洪流被無情地推進。

　　要達到這樣的境界，斜槓是一個不錯的解方。斜槓的本質並不同於兼差，**兩者的關鍵差異就在於「變現」的概念**：我們可以把知識加以變現、把網路的流量加以變現、

將粉絲變現等等。什麼意思呢？就是把你腦袋裡面的知識技能變成實質的收入金流，或者變成其他價值，這就跟一般的兼差有根本性質的差異。

此外，斜槓青年的多重職業，在這時代常常會跟「網際網路」掛勾。這是來自於平台／零工經濟的潮流所趨。隨著網路不斷發展，越來越多平台崛起，平台的核心價值就在於「連結」，比如谷歌是資訊與資訊的連結，臉書是人與人的連結，阿里巴巴跟亞馬遜則是商業與商業間的連結。這些平台讓知識與技能不一定要透過傳統雇傭模式來觸及到企業。

也就是說，一個企業／組織／個人，可以透過各種平台找到擁有技能的人，然後以專案的行事滿足需求，這就是平台經濟的運作方式。若你從事財務領域工作，但具有平面設計的技能，於是可以在各種平台接案，用閒餘的時間創造額外收入，讓「知識變現」。這樣的趨勢也將在疫情推動下，跟遠端、個體等關鍵字再度深刻結合。

COMMUNITY：
社群將成為更深刻的趨勢

在遠端模式形成個體經濟以及加強斜槓趨勢後，進而會深化的就是「社群」。人本身就是社群動物，遠古的人們透過團結的力量，互利合作增加生存的機率。疫情造成人與人的疏離，反而能夠透過網路的方式讓人組成更緊密的社群，等到疫情結束，那些過去因為隔離而未被滿足的社交需求也會爆發出很大的社群能量。

社群的概念最早是德國社會學家費迪南德・滕尼斯（Ferdinand Tönnies）提出，他勾勒了兩種社會群體概念，分別是 Gemeinschaft 跟 Gesellschaft，分別對應英語的 Community 跟 Society。中文多半把 Community 翻譯成「社區」、「共同體」或「社群」，而 Society 則通常為「社會」。

滕尼斯認為，所謂 Community 是基於人們內在的喜好或者因習慣的制約，也可能基於某種共同的記憶，而形成的自然、有機生長的整體。在古代可能是基於血緣關係、宗教信仰或地域。可是展望未來，透過網路的連結，更多的會是同領域、興趣或專業的線上線下社群，跨越地

域的社群聯繫與連結。

　　當我們擁有專業技能，若想要對外提供服務而產生價值，就必須需在相應的平台上露出，讓同領域社群的人知道我們，在對的地方建立自己的品牌，此時社群就成為有意發展斜槓者的重要根據點。人們根據我們在社群上的表現來評價、認識我們，而價值與解決方案也透過這樣的機制不斷產生。

知識複利將成為未來價值創造的根本形式

　　因此在新冠肺炎疫情之後的新世界，人們將更加個體化，透過遠端形式在企業組織與社群等平台中，以斜槓的精神創造價值。簡而言之，就是以自身的專業技術與能力，賦能組織或外部單位解決方案，從而賺取金錢或者其他形式的回報。將知識以內容創作的形式輸出，塑造個人品牌，進而產生知識複利，會是未來個體的生存價值模型。

後疫情時代的RISC趨勢

Remote / Individual / Slash / Community

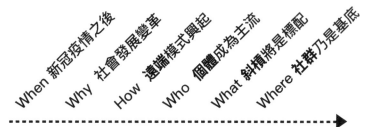

When 新冠疫情之後　Why 社會發展變革　How 遠端模式興起　Who 個體成為主流　What 斜槓將是標配　Where 社群乃是基底

透過
內容創作

塑造
個人品牌

產生
知識複利

By
Content Creation

For
Personal Branding

To
Knowledge Realization

專家點評
愛瑞克
金石堂 2021 年度風雲人物：星勢力作家、《內在原力》作者、TMBA 共同創辦人

人生最佳化演算法

　　隨著 AI 人工智慧的普及運用到我們工作與生活當中，演算法也扮演著越來越重要的角色。然而面對疫情變革後的世界，人生最佳化的演算法是什麼？我認為內建 RISC 運作功能就是標準配備——如果缺乏遠端協同合作能力，將被社會孤立，無論學習、工作、生活都會陷入困境。

　　同樣面對疫情衝擊，有些人找到了機會，有些人則被困在原地，這未必是能力差異的問題，主要是心態與思維習慣的問題。我很慶幸自己 2002 年進入職場的第一份工作是在一家美商的投資管理機構，幾乎每天都需要跟位於歐洲、美國的金融機構開會，透過電話會議一起跨國討論事情。因此，可以說在 20 年前我就適應了遠端協作模式，面對 COVID-19 疫情席捲全球，對於我個人來說，不僅沒

有適應的問題，反而是受惠者。

　　舉例而言，TMBA 在 2019 年暑假新生大約 300 人，2020 年約 350 人，然而 2021 年受到疫情衝擊而無法舉辦實體招生說明會以及實體課程，改成線上招生與授課，結果入社的新生反而暴增到了 700 多位。至於我個人的事業主要在網路撰寫文章及著作，本來就是遠端工作模式，隨時可以在家或在任何地方完成，而演講及授課從實體改為線上之後，演講頻率更高、參加人數也更多。

　　當然，並非每個人都這麼幸運。倘若有些職場工作者原本主要從事的是需要人們出席、實體聚會的工作，若缺乏開放型心態、成長型心態去接受環境驟變，而快速去適應、積極從中找出機會，一次疫情就可能讓自己職涯陷入困境。我在《內在原力》書中強調：「人們的心態決定了選擇，選擇決定了行為，行為成為習慣，習慣則形塑成了每個人的一生所呈現的樣子。」心態，才是贏家和輸家的真正差別所在。

個體崛起與斜槓能力息息相關

　　我主理「愛瑞克愛投資／也愛閱讀」臉書粉絲專頁大

約 4 年時間，在 2018 年我與幾位協作者共同出版了《斜槓的 50 道難題》，創下 3 個月內銷售破萬冊的佳績。當時還沒有 COVID-19 疫情，但我們就大聲疾呼個人品牌的重要，建議從本業出發去發展出相輔相成的斜槓角色。我們從過去 10 年歐美非正職工作者的比率快速攀升狀況發現，斜槓以及多重角色已經是無法抵擋的趨勢潮流、職場現實，越早掌握斜槓相關能力和技巧，也就越能在職場游刃有餘。

以我個人為例，2001 年在台大創立 TMBA 社團之後，即以共同創辦人身分無償的在台大校內演講至今長達 20 年，在過去 20 年累積將近 1,000 場的演講當中，TMBA 相關的大約佔了 60 場（平均每年 3 場），比重不算高，但卻是在我剛出社會的早期，累積大型演講經驗的基礎。尤其在「職場菜鳥」階段，若沒有其他斜槓角色，肯定在職場上是相對弱勢、不容易被看得起的！而我擁有 TMBA 共同創辦人身分，是獨一無二的一個位置，可以獲邀在大大小小的場合當中發表我的觀點，也因此大量接觸到一個職場菜鳥原本無法接觸到的人事物。

有別於傳統的職場生態是以「職稱」或「位階」來定義一個人的高低，個體的崛起則不同，強調的是專業

能力以及能夠創造的獨特價值，因此一個人儘管年輕，若具備某一個特定領域的專精知識或能力，就可能因此成為KOL（Key Opinion Leader，關鍵意見領袖），擁有被市場上人們高度重視的話語權，而這樣的 KOL 角色，未必與他在職場上所擔任的職務有高度相關。例如我的好友楊斯棓醫師，他是金石堂 2020 年度風雲人物的星勢力作家，以《人生路引》一書掀起書市的轟動，也同時帶動了一股廣泛閱讀的風潮，各大出版社爭相邀請他擔任新書的推薦人，然而與他實際上本業做什麼則無關。

事實上，當我以《內在原力》一書榮獲金石堂 2021 年度風雲人物的星勢力作家，陌生的讀者都不知道我的本職是金融投資圈的講師，是資深的投資分析師。當我以心理勵志類的著作成為暢銷書作家，就是對於「個體」的肯定，與我本職無關；同時兼得暢銷書作家、專業講師、投資分析師的不同角色，這就是典型的「斜槓」特徵，因此我認為個體崛起與斜槓發展是高度相關性、彼此相輔相成的。

唯有打團體戰才能生存

　　我以前曾經任職於台灣最大的金融集團，國泰金控下所隸屬的國泰投信，我進公司的時候以管理的基金總規模排名是投信業界第五名，然而短短不到三年的時間，竄升到了第二名。總經理張雍川先生常提醒主管們要以「打群架」的心態來面對市場的種種挑戰，因為在市場競爭激烈、快速變動的環境下，靠單打獨鬥一定無法勝出。確實，觀察許多領域當中的第一名，往往是有龐大的供應鏈體系以及相關的合作往來廠商，一同撐起一片天，絕非單打獨鬥。

　　後來我達到財富自由而離開職場，投身於公益，常與一些教育單位、教育文化基金會往來，其中有一位我非常敬佩的前輩是「誠致教育基金會」創辦人方新舟先生，他同時也是「均一教育平台」的創辦人。2021 年 10 月我應邀參加《與孩子一同編織未來：誠致的 KIST 實踐經驗》在誠品信義店舉辦的新書發表會，方前輩上台一開頭就說，要能夠順利推展教育的公益事業，一定要打群架！因為任何一個影響這個社會甚大的領域，都是盤根錯節，無法靠單一個組織或一位英雄就能扭轉奇蹟，唯有打團體戰才是唯一成功之道！

　　經營事業、作慈善公益都要打團體戰，那麼個人呢？

我在《內在原力》書中強調「站對地方：人際網路放大成果的效益」，因為人際網路的重要性甚至可能超過實力表現本身，近年來有愈來愈多的數據證實了這個現象。《成功竟然有公式：大數據科學揭露成功的祕訣》所提出的成功第一定律：「你的表現為你帶來成功，但如果表現的優劣難以判斷，則是人際網路能為你帶來成功。」因為「成功的關鍵，不僅僅在於你自己或你的表現本身，更是在於人際、在於眾人對你的表現有何感受。」如果你的表現被「超級連結者」放大到人際網路的世界中，就會獲得「馬太效應」（好的越好，多的會獲得更多的一種現象。來自於聖經《新約·馬太福音》中的一則寓言。）數位政委唐鳳說：「在網路社群中，被大家認可的領袖，不一定是最聰明那位，而是對社群的內容貢獻最多的那一位。」這就是我們生存在網路社群興起的時代中，一定要有的自覺。

第 2 節：
斜槓青年的發展方向 IPOD 法則——
熱情、專業、方案、價值

　　早在 2017 年，「斜槓青年」這個詞就在台灣開始火紅。提出這個詞的麥西‧阿爾伯把斜槓職涯比喻成職業上的投資組合，透過這樣的安排讓自己的生涯跟收入多元化，分散風險，同時也創造自己人生的主控權。

　　雖然斜槓青年這幾年才火起來，但數十年前就有許多人開始斜槓，主要的方式都是透過知識複利的模式，也就是從自身的專業能力出發，不斷堆疊、深化本質專業技能後，再斜槓出講師跟作家的身分。這也是較為典型的模式。例如知名的補教名師徐薇，就是從補教老師到開設英語教學節目，後來又再轉型成節目主持人。

　　斜槓的模式，我們可以用以下的 IPOD 模型來加以說明，也就是我們從興趣熱情（Interest and Passion）出發，轉化為專業技能（Professional Skills），再形成解決方案（Outcome Based Solution），產出得到相應價值（Decent Value）。

從零開始的斜槓

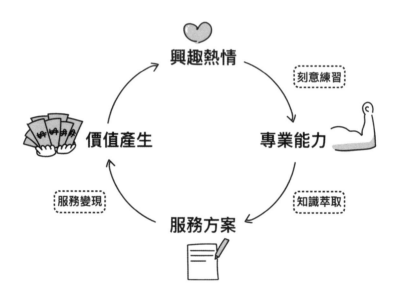

INTEREST AND PASSION：
最重要的事

很多人在思考斜槓這件事的時候，主要的思考方向是
多元的收入。但其實斜槓的本質並不只是收入而已，更重
要的是要開創我們的第二人生。斜槓並不只代表兼差，斜

槓真正的本質是**我們用不同的身份創造出屬於自己的第二人生，做自己人生真正的主人，達成工作與生活平衡的最佳解決方案**，這才是斜槓真正的意義。

因此，任何的斜槓都必須基於自己的興趣與愛好，如果只是想要賺錢，那本質上跟斜槓的精神是不一樣的。那我們該怎麼樣思考這一件事情呢？最好的方法就是問自己：到底想要成為怎麼樣的一個人，想要擁有怎樣的一個人生。

說到熱情跟興趣，你最喜歡的東西在一開始或許不會讓你賺錢，但是重點在於讓你擁有人生的主導權，也就是擁有人生的選擇自由，進而在工作上有自由，最後達到收入多元化，從而邁向財富自由的道路。

這樣講好像有一點難以理解。我們可以用這種方式來談：過去如果沒有斜槓身份的話，我們只能用一份薪水、一種收入，來給自己一個比較安穩的生活。當你有了斜槓之後就有了選擇，你將會擁有第二筆、第三筆的可能性──當然這不只是指收入，也可以是人生的可能性與選項。最後你就可以達到「可以選擇不同的可能」之境界。

PROFESSIONAL SKILLS：
形成專業技能

　　但是我們也都聽過一句話：興趣不能當飯吃。怎樣可以讓自己的興趣變成能夠轉化成實際價值的方案？最重要的一點，不管是任何的興趣跟熱情，都必須要透過不斷的練習，讓你在這個領域成為一個佼佼者。到了這個境界，原先的熱情和興趣就變成一種專業價值的技能了。

　　接下來，原先的這些「興趣」就可以華麗變身，成為「賦能其他人」的一個利器。任何的興趣，你都有辦法、有機會可以把它轉化成為能夠幫助其他人的解決方案。網路上常見很多人擁有各種不同的興趣，發揮到極致，例如就算你喜歡玩寶可夢卡。只要你玩到很專業，得了很多的獎項，你也可以把這個技能拿去幫助其他人，你就可以成為老師，你就可以成為一個開班授課者，或者是組織起自己社群的一個專業大師級人物。

　　把興趣跟熱情轉化成我們的專業，必須透過「刻意練習」這個途徑。很多人害怕自己的興趣還沒有達到很厲害的境界，於是懷疑自己現在的程度真的能夠教別人嗎。其實，每個人針對某個技能，都處在不同的階段，有人精進，

有人初來乍到。所以擁有 100 分技能的人，可以教導 90 分的，90 分可以教 80 分。同理，就算你目前只有 30 分的能力，你也可以去教完全不懂的人，或者只擁有 10 分程度的人只要你比別人在這個技能上更好，哪怕只是好一點點，你就有辦法去教別人。另一方面，我們也必須自我要求，讓自己的專業一生不斷的精進、不斷的成長，這樣子才有辦法一直去教導其他人。

OUTCOME BASED SOLUTION：
產生解決方案

當我們想把自己的專業轉化成可以賦能其他人的境界，下一個階段要思考的就是，如何把它具體變成一個好的解決方案。一個可以實際落地的解決方案，才能為他人所用。

要找到這個方案，我們可以先這樣想：你的受眾在哪裏？他們的輪廓是什麼？他們現在遭遇到什麼樣的困難和麻煩？他們有什麼樣的痛點？

從以上的角度，我們就能夠反過來思考自己的專業技

能：我會的東西可以怎麼樣幫助他們？透過什麼樣的方式幫助他們？而我提出的解決方案，要透過什麼媒介跟平台傳遞給他們知道？

　　這是一個萃取的過程，把自己的方案透過拆解，一步一步的接近有需要的消費者。很多人頭腦裡懂的東西很多，卻不知道怎麼樣把頭腦裡的知識形成一套可以去幫別人的課程或顧問服務。因此，知識萃取也是我們在培養知識複利技能的過程當中，非常關鍵且必須要學習的功課。

DECENT VALUE：
轉化成價值

　　將知識淬煉成一個可以協助他人成長的解決方案之後，下一步我們就可以把這個解決方案做產品化包裝，形成可以直接轉換成價值的產品。「知識產品化」是專家型KOL的最佳工具，能將自己的知識轉化成價值。議題型網紅以人氣作為載體，透過如代言的業配模式創造價值；專家型KOL則著重於課程或顧問服務的知識產品，這種類型的產品雖然需要較多的鋪陳與累積（相較於流量變現），不過它的可貴之處在於，它比較不容易被演算法綁

架，且經常是直接面對顧客。

　　本書的重點，就在於如何將我們的專業，透過知識複利不斷予以深化，最終轉化為具體價值的產品方案。在後面的章節中，我們還會一步一步的解析：知識轉化為力量的歷程會經過哪些節點？知識複利的具體流程與根本意涵又是如何？可以透過如何的商業思維來型塑我們的知識型個人品牌與內容創作經營？內容經營的寫作策略是什麼？最後，也是最重要的，我們可以透過怎樣的方式讓自己的知識具體變現，創造出能影響後人的價值。

　　現在你準備好了嗎？我們將一起攜手進入一條足以改變人生的璀璨道路。過程中，你的人生不僅將經過知識複利的過程蛻變，更能使得你的人生經驗法則，成為推動人類社會前進的重要知識資產。你將透過這本書教導的方法，為自己帶來更多的收入，更好的人生以及無限的可能與機遇。

專家點評
張瑋軒

吾思傳媒 Womany 創辦人

在生活中工作

　　看完本章節後，我深有同感。女人迷向來強調「全融式生活」，我們相信工作對人來說不只是工作，還可以讓人的生命更有價值和意義。在這樣的信念下，我們認為工作不該是為了公司才做，而是為了「自己」而做。所有的實現，都是自我的實現。

　　當你把有興趣的事養成了志業，就會感覺生命更有可發揮之處，也會對人生的主導感更強烈。某種層面上，反而像是公司付錢給你，讓你去成就自己覺得有使命感、覺得重要的事。

　　紀伯倫曾說：「工作是愛的具體化」。

　　然而我說，生命的確是黑暗，除非有熱望，
　　所有熱望都是盲目，除非有知識，

　　所有知識都是枉然，除非有工作，

　　　所有工作都是虛空，除非愛在其中；

　　你若懷著愛來工作，就會讓自己和他人以及神緊緊結合在一起。

　　我想跟讀者一起思考：你現在的工作是否是你真正重視的事？是否是你真正願意投入時間和專業技能、持續創造價值的事？

　　如果你的答案是肯定的，恭喜你，你一定正走在創造自我影響力的路途上，絕對有機會做出更多有價值的成果。工作，就是自我的延伸與實現。你在做很有意義的事。

斜槓的本質：保有熱情且能廣泛應用的專業延伸

　　今日職涯的可能性越來越多元，越來越多人開始討論「斜槓」這個議題。「斜槓」一詞源自於一個探討「年輕人不再滿足於單一工作模式」的專欄裡引用的概念。年輕人之所以會感到不滿足，是因為他們並不滿意自己的主要工作（現職），所以需要找尋第二、第三機會來發揮自己的生存意義。

　　然而，還有另外一種對於斜槓的解釋，是指當一個人在一份工作中累積了洞見和思考邏輯後，可以把它廣泛應用到其他不同的項目。這就更像是本書想傳達的意涵「知識複利」——藉由一個領域的深度累積，之後再複製應用到其他不同的領域，讓我們可以更有效率的創造多元價值。

　　綜合上述，我認為斜槓的本質應該是「能夠讓你保有生活熱忱，又能拓展技能應用範圍的專業延伸」。

IPOD 發展案例：女人迷的創立

　　在女人迷創立時，紀伯倫的那段話對我造成深深的影響。我發現，光有熱情還無法真正創造價值。縱使一開始是因為熱情而投入，但漸漸就會發現熱情只能讓你起頭，真正困難的還是在接下來的執行。

　　當時的我，很急切地想要做出點什麼，卻發現眼前的答案可能都不夠好，需要回歸到自己身上慢慢磨練，找機會做出新的可能。

　　後來一步步累積自己的深度和廣度後，才漸漸讓自己的 Passion 變成 Action ，產出更理想的解決方案。過程中

我也會自問，我們現在做的產品，真的能夠回應我們想解決的問題嗎？如果可以，它才是真正獨立、有價值的。

你會發現，其實斜槓的 IPOD 發展路徑跟創業過程是很相似的：從興趣出發、加深進修形成專業技能，然後再發想解決方案，最後試著創造價值。

一開始的起頭，可能只是源自於一股熱情或信念，等到後來必須評估「是否真的做出價值」的時候，你可以問自己：「這套解決方案，是滿足大多數人還是少數人？是有人做過還是沒人做過？是根本解決問題還是只是表面解決？」。從這幾個問題來思考，就可以更清楚地區分自己看待問題的層級在哪裡、還能往什麼方向努力。

女人迷的創立初衷：成就更多自我實現的個體

創辦女人迷前，我在一間電影公司擔任數位行銷，當時很努力地學著怎麼說好一個故事，希望藉由好故事來影響人們的思考與行動，我認為那是非常有力量的。

很謝謝當時的老闆給予我非常大的彈性，讓我們在數位行銷尚未發達的年代，就嘗試了很多新的可能，也形塑了往後我大膽嘗試、不斷超越自己的個性，著實為我的心

態建立了滿好的基石。

　　後來之所以會想創辦女人迷，其實也是承襲著想說好故事、讓更多人聽見多元想法的期待。

　　那時我看不慣亞洲社會一直存在著一種單一價值觀的狀態，感覺成功、幸福似乎都已經有了既定的樣貌，在這種情況下，人們的思考被壓抑了，大家無法釐清自己的內在本質，無法找出自己到底是誰。

　　我的核心想法也很簡單，就是希望可以帶給人們實現自我價值的勇氣。因為覺得大家可能沒有太多相關的資訊來源，因此就以內容起家，希望透過文字帶來啟發。

斜槓並非一夕之間：創造價值，讓議題成熟，成為共識

　　為了更清楚傳達我們的理念，使之成為大家的共識，因此需要更長時間的發酵與醞釀、投入更多心力去跟大眾溝通。但這對一個新創團隊來說，其實是非常耗能與耗資源的。

　　很感謝在我們還在努力累積專業價值的階段，就有一群有力的策略合作夥伴，讓更多人更快的認識我們；也很感謝有很多早期讀者跟我們一起經歷挑戰，從過去到現在

都持續支持我們的內容。他們是陪伴我們不斷繼續成長茁壯的力量。

在女人迷的創辦過程中有幾個要點，我認為可以運用於發展斜槓身份。如果你也想要發揮自己的多元價值、創造斜槓身份，可以先思考：

1. 你清楚自己的使命願景是什麼嗎？唯有知道自己想達成的目標在哪裡，才不會只是盲目跟從，幫自己冠上一堆身份、看似有很好看的 title，生活還是很茫然；

2. 你清楚自己的原則底線是什麼嗎？當你知道自己的價值觀是什麼，才不會在遇到價值衝突時不知道該怎麼選擇；

3. 你有找對合作夥伴嗎？合作夥伴是影響成事的關鍵，若與不適合的夥伴合作，即使原則再清晰也可能難以好好發揮。

我曾經訪問過職業棋士張栩，想知道他是否能在輸棋時仍然對下棋保持熱情。因為輸棋應該是讓人感覺心煩的，但如果能長期接受這心煩的狀態，依舊能在下棋中找到熱情與意義，這就是專業吧。

因此如果讀者想要評估自己真正熱愛哪些事，不妨試著問自己，當這項興趣變得不那麼有趣時，我還能感覺一樣喜歡、願意付出心力嗎？如果答案是肯定的，那麼就很有機會繼續往下深耕看看。

如何將抽象概念轉化為具體價值？

在發展斜槓或創業的路上，也會有人有疑問：若不知道自己的具體價值在哪，那該怎麼辦？

其實所謂的價值，來自「解決問題」的能力，就像書中 IPOD 法則的 O，試著釐清受眾在哪裡？他們的輪廓是什麼？他們現在遭遇到什麼樣的困難和麻煩？你就會更清楚自己的價值在哪裡。

舉例來說，女人迷推出的一系列牌卡，大多數人會以為它是商品，但其實對我來說它就是有價值的內容。我們想幫助的即是「找不到內在自己的迷惘人」，期待透過牌卡結合問題與提示的形式，讓他們可以透過自我提問來反思與實踐，成為更好的自己。

跟著女人迷一路走來，很開心我們擁有一群一起改變成長的讀者。他們之中不少人因為相信我們的理念、接受

我們價值觀，也都開始慢慢突破自己，嘗試創業或積極拓展自己的斜槓身份。

最感動的是，許多人都願意開始回歸自己的內心，有的人意識到其實自己不甘於平庸，想要好好拼出點成就，也有的人發現自己的脆弱，不再偽裝堅強，選擇對自己更好一點。

釐清自己的核心價值

除了從他人身上獲得的成就感，我自己也在過程中獲得相當多啟發。

在創業過程中，一路上會面臨許多選擇，每一次的選擇都是一個更貼近自己的機會。誠實的面對每次機會，都幫助我更加了解自己在乎、不在乎什麼事。

我很重視每個選擇對我的意義，因為希望這份熱情是能長久影響他人、真正產生價值的，所以即使當下的選擇可能會讓自己更累更辛苦，我仍然堅持做對的事，相信最終會有好結果。

有不少人在還沒想清楚時就一頭熱的投入，想追求世俗的名利，這樣很難長久，可能三天、一個禮拜後就會發

現這不是讓自己最有感的選擇。

好比有些人想當 YouTuber，其實純粹只是因為想要變有名，追求的是大家的目光。這樣的話就容易做到一個瓶頸，遇到選擇時也可能會做出偏離自己內心的決定。

因此我建議讀者，想要投入新領域時，先想清楚自己的核心驅動力是什麼？想要達成什麼目的？假設你想達成財富自由，就可以再往下思考：財富對於我的意義是什麼？我想要的自由長什麼樣子？

這些都可以幫助你更好地判斷價值，釐清自己的方向。雖然看起來很基本，其實並不容易，也是我認為對每個人來說最重要的事。

斜槓的未來

最後我認為，斜槓在未來勢必會成為常態，多數人的工作型態會越來越接近 hybrid（混合工作），代表界線會越來越少，也越來越模糊。

未來會有越來越多人渴望當 KOL、想做自媒體，希望能做出自己的商品變現。當每個人都願意發聲時，真正能成功的關鍵就在於「你是否具備自己的核心思想」。穩

紮穩打跟著 IPOD 路徑走，你才有可能在流動的社會思潮
狀態下被看見。

　　切記，在每個人都有機會做出點成果來的時代，唯有
具備價值、真正能負責的人才能走得長久。

章節小思考

　　看完本章後，讀者們可以進一步思考，你是不是真的
了解自己呢？你對成功的定義、失敗的定義是什麼？對理
想生活的想像長什麼樣子呢？

　　如果還不夠清楚的話，歡迎閱讀女人迷的內容或來上
我們的課程，與我們一起探索。

第 3 節：
知識複利是什麼？
為什麼要追求知識複利

兩階段的複利：
從檸檬樹談起

我們的大腦就像一顆檸檬樹，而我們每日持續遭遇困難與挑戰的過程，就像是這一棵檸檬樹吸收了養分，開始誕生一顆顆的檸檬果實。

而隨著某類養分越多，某區域的果實也越長越多，如同我們人腦神經元在某部分開始越來越密集，我們也開始越來越擅長處理同一類的問題。於是我們累積出了「經驗型知識」，這類知識類似於「隱性知識（Tatic Knowledge）」或「啟發（Heuristic）」。

對大多數人來說，一生到這裡就告一個段落，累積了知識，為自己所用。如同一顆檸檬樹結了果實，不是為了人類，而是純粹為了自己。

但是，當我們越來越擅長處理某類問題的時候，其實我們已經成為別人眼中的「專家」，可以透過我們的專業，

在市場上獲取相對的報酬。

這就是第一階段的「品質型知識複利」，也是我們成為專家的過程。

但隨著數位化的發展、市場資訊的傳播、社群媒體的成熟，開始有一些檸檬樹產生了不甘心，而這個不甘心，借用本書作者高永祺的導師林宜儒先生的名言，可以歸類為兩種：

我的報酬，比不上我的才華。

我的專業，沒有被世人看見。

前者為利，後者為名，而彌補這種不甘心的最佳方法之一，就是透過知識變現的方法，將我們一部分的「經驗知識」，變現成「金錢貨幣（利）」或「社交貨幣（名）」。

這時問題來了：檸檬果實的皮又苦，肉又酸，直接賣沒有人想吃，正如同我們雖然有意把腦中豐富的經驗知識分享給他人，但這些知識是還未琢磨的原石，也難成為璀璨奪目的寶石。因此我們的經驗知識在沒有雕琢前，他人未必願意花時間學習。這該怎麼辦呢？

我們需要一連串「將檸檬果實轉換為可銷售產品」的過程，而這個過程我稱之為知識產品化──首先我們得將檸檬果實榨成檸檬汁，也就是將先前提到「隱性」的經驗

知識，變成顯性的方法。這就是我們的「顯性知識（Explicit knowledge）」或「演算法（Algorithm）」。

　　酸酸的檸檬汁，想直接喝的人不夠多，我們還需要再加入甜甜的蜂蜜，也就是知識產品的體驗設計。這樣一來，我們就有了他人願意購買、買完還可能願意分享給更多人的蜂蜜檸檬——知識產品。舉凡文章、書籍、懶人包、講座、線上課、工作坊等，都屬於此類。

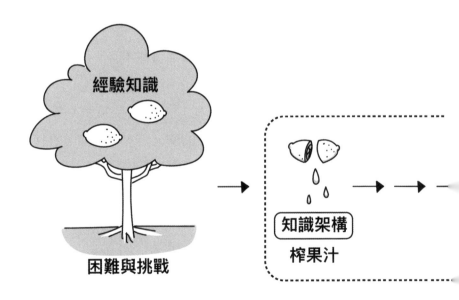

圖説：兩階段知識複利：如何把知識產品化，然後變現

　　最後再搭配我們的商業模式與經營策略，就開始拓展了我們知識變現的生意，不斷變現我們想要的「金錢貨幣（利）」或「社交貨幣（名）」。

　　這就是第二階段的「價值型知識複利」，也是我們進行知識變現的過程。

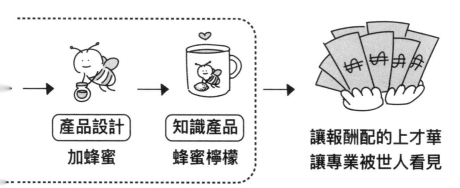

知識變現

知識產品化

產品設計
加蜂蜜

知識產品
蜂蜜檸檬

讓報酬配的上才華
讓專業被世人看見

兩階段知識複利的過程

兩階段「品質型」與「價值型」知識複利的過程，可以用下圖來表示。這也是本書極為重要的核心觀念與方法。

在第一階段的「品質型知識複利」當中，重點在於提升我們的能力品質，讓我們成為某個領域的專家，關鍵作為則是要提升我們學習知識過程中的深度、廣度、速度三

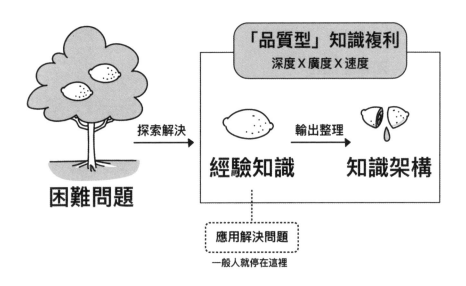

圖說：一張圖看懂「品質型」與「價值型」知識複利的過程

者。

　當我們具備這個能力，就等於掌握了自我成長的進程，不再被「科系」、「證照」、「經歷」這種「被允許」的思維所綁架，可以創造自己想要的工作或生活。如同本書兩位作者當中，中文系畢業的永祺可以從事自媒體、數位行銷、甚至區塊鏈的工作；而歷史系畢業的則文，可以從事人資創新、社群經營、寫書教練。

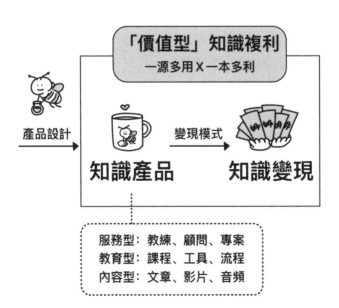

在第二階段的「價值型知識複利」，重點是「建立與應用自己的知識產品組合」，來實踐「讓報酬對得起才華」及「讓專業被世人看見」。

當我們具備這個能力，對於身為受聘工作者的多數人來說，除了上班賺公司的薪資，還可以發展其他的變現管道，包含開展副業、斜槓、多重潛能、個人品牌、甚至是知識創業的生活等。有了這些變現管道，我們才有可實踐與前進的道路，而非看著別人的美好遠方，自己卻只能在夢中想像。如同永祺除了本業的知識產品化服務，同時也是講師、商業顧問、學習教練；則文除了是職涯專家，同時還經營了「圖卡團」、「講師團」、「文案團」等不同的社群。

以上兩點是本書試著分享給讀者們的幫助，尤其是對於此刻正處在職涯瓶頸期的迷惘讀者們，希望讓各位掌握兩階段知識複利的能力，開展屬於自己的理想生活。

知識的本質：
能為我們所用的，才是知識

談了知識複利兩階段與本書希望帶來的幫助，接著我

們想更深入的探討，為什麼我們該追求與學習知識複利。

　　首先我們得了解「知識」的本質，就是大眾耳熟能詳的「知識即力量（Knowledge Is Power.）」，但知識是如何化為力量的？

　　知識如何化為力量？我們的觀點是：「知識改變認知、認知影響行動、行動產生力量。」唯有我們所能應用、思考的，才是「知識」；其他我們所不能應用、思考的，都只能說是「資訊」。所以像課程、書籍之中這類的知識，儘管很真誠的想傳遞給我們，但也只是傳遞了資訊，我們必須經過自己的消化整理，才能將這些來自課程、書籍當中原來屬於他人的資訊，轉換成我們所能應用、思考的知識，如同腦科學中的將短期記憶轉化為長期記憶。

　　而這個消化整理的過程，對比於吸收資訊，需要消耗相當的時間與精力。因此熱愛學習的我們，可能會有一種感覺，就是看過很多書，上過很多課，如果沒有特別的消化整理，過了一段時間後只留下一些片段的記憶與印象。這樣的情況就是知識／資訊轉換率在沒有特殊方法下的自然狀況。但如果我們透過親自實作、難題的挑戰等得到的知識，則可能經過很長的時間之後，我們依然能夠再次應用。

知識複利的本質：
讓過去的你，幫助未來的你

若用一句話概括知識複利的本質，那應該是：**讓過去的你，幫助未來的你**。亦即透過我們過去的積累，幫助我們未來能成長得更快，有更多元的變現機會。借用李笑來的名言，也就是「真正的跟時間做朋友！」而知識複利的意義，可以具體展現在以下兩個問題上：

問題一：低效益學習陷阱

請想想：如果檢查你的筆記，重複的知識會出現幾次？

筆記是我們的第二大腦，能讓我們的學習與思考顯現出來，是非常重要的成長工具。但如果你回頭一張張檢視自己的筆記，或搜尋筆記庫的某個關鍵字，你可能會發現有很多重複的知識，零散的出現在各張筆記上。

舉個例子：在某一場財務講座的筆記上，你記下了：「資產負債表、損益表、現金流量表」，然後你又在《窮爸爸・富爸爸》的閱讀筆記上，記下了「資產，就是能把錢放進口袋裡的東西；負債，就是把錢從口袋拿走的東

西。」而「資產、負債」的概念同時出現在這兩張筆記上，但如果你沒有一一檢視你可能就不會知道、更別說把這兩個知識概念互相連結、整合。

如果說做筆記的核心目的是能幫我們整理思考、提升學習效益，那我們不斷重複紀錄相似的知識概念，不只是浪費時間，還會讓我們想利用某項知識時，發現知識太過零散，讓自己找得很辛苦——當然，更常見的是我們寫完筆記後，就再也沒用過，放任自己的筆記庫不斷增長。就像衣櫃底層那堆你這輩子都不會想再穿、但又捨不得丟的衣服。

這是我們在學習上缺乏系統性方法所導致的問題，而且其實我們天生在學習、成長上，是需要不斷與「知識複損」相抗衡，因為我們人腦有逐漸遺忘的天性，筆記也可能會有遺失、翻找困難等狀況，導致我們的知識會不斷損失遺失。

比如，當你看完了一本書（也許就是本書），剛開始你會對書中內容有印象，但如果中間間隔的時間拉長，你可能只會記得某幾個重點，其他的大多數遺忘了。另外像是學習一個新技能，如開車，要是有幾年沒開，重新再開車，也會有技能的陌生感，感覺自己退步了。

　　當然也許有人會認為「一本書有一個啟發就很值
得」，其實這是要看情況的。因為看完一本書，需要投資
一段時間與精力，如果你對於這個領域已經具備一定程度
的了解，這時再看一本新書，當然能有一個啟發就很值得；
但如果這是一個你相對陌生的領域，我們能盡可能地掌握
越多的知識量，當然是能幫助我們的成長幅度越大。

　　而如果我們一直深陷低效益學習陷阱中，想要在某個
領域成長為專家就會十分困難，也因此才會有所謂的「資
深菜鳥」一說。

　　要解決這個問題，我們需要把以往「每次都重新學
習、重新整理」的慣性加以改變，開始善用之前每次的學
習，將它們做為基石，疊加我們對於這個領域的知識，這
樣隨著量體的增加，我們才能加深對領域知識的理解，加
廣相關知識的連結，加快新知識的學習速度。這也是「品
質型知識複利」的目的。

　　而在階段一的「品質型」知識複利的複利筆記術方法
中，還能讓你能從過去的學習中，透過加廣相關知識的連
結，產生創新創意的契機。

問題二：單一工作收入陷阱

當我們成為具有價值的知識工作者，大多數人常會把這些辛苦得來的知識，重複應用在我們的既有工作範疇上，最多就是從一個工作到另一個相似的工作。當然重複的積累，可能會幫助我們越來越專精，但我們的報酬成長卻只會越來越小。政府公開資料已經顯示，台灣受聘工作者的平均薪水漲幅，除了少部分的工作，大多數都只會隨著年紀越來越小。這個過程我稱之為單一工作收入陷阱。

想突破這個陷阱，除了我們熟知的創業、投資，更可以利用自己過去積累的專業（無論是基於工作或是興趣而來的），轉化成知識型副業，如：顧問服務、課程產品、文章內容等，讓自己辛苦積累的知識，獲得更多的變現機會。這也是「價值型知識複利」的目的。

我想借用《從選擇題到必考題》中陳顯立先生的名言來概括上述：「剩餘價值再利用。」也就是讓知識從幫助解決我們工作問題，再利用到幫我們產生其他變現價值。

在階段二「價值型」知識複利的知識產品化方法中，我們可以透過自己多元的知識變現方法，避免我們過去辛苦積累的知識浪費。

當然也許你會擔心：公司可能不喜歡我這樣的「斜

槓」行為，但其實越來越多的公司已經開始意識到：讓員工在外有高價值的表現，能夠幫助公司帶來更多的品牌效益。另外，天下之大，不止一樹，隨著你積累越來越多的信任資產，也會有更多欣賞你的人找上你，只要你的知識型副業經營，沒有影響你的本業表現，或者並非盜售公司機密，我們就能問心無愧。

對於企業經營者進行知識複利的建議

如果是公司組織的經營者，我想特別強調：你可能一樣具有知識價值浪費、學習效益低落的問題，只是因為相對於個人來說，組織的綜合收益高，顯得感受性不強。

每個公司組織都會有自己獨特的經驗知識，如果能把這些知識變成知識產品，向外傳播給有需要的潛在客戶，除了能增加收益（金錢貨幣），還能擴張在客戶心中的信任感（社交貨幣）。像是知名設計顧問公司 IDEO 分享他們的設計思考課程，此舉讓該公司除了獲得了課程與授權收益，更新增了許多客戶的合作案。

其次，在知識經濟的世代，公司組織的競爭核心是知識資本，而知識資本的最小應用單位不是電腦，而是人。

只要強化組織內每個成員的學習成效，就能有效促進組織知識資本的應用與開發。不妨想像這個畫面：光是讓新進人員訓練的速度提升 10％，這樣可以降低多少的成本？而讓專業人員的專業成長速度提升 10％，那又能帶來多少的收益？

　　知識複利能夠幫助個人加速成長、擴大變現，如果是由多人組成的公司組織善用此道，成果更會是如何？

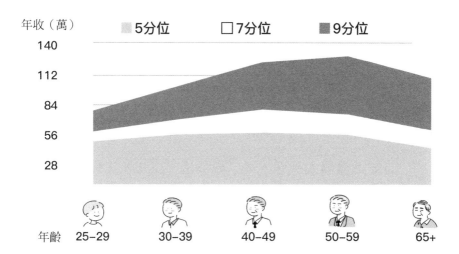

知識複利與知識型個人品牌的關係

知識複利與知識型個人品牌的關係何在？品牌雖然是一個很大的觀念，但若以最簡單的角度來解釋，品牌可以概分為三個階段：

1. 可辨識：人們能辨認品牌屬於某個領域，或有模糊印象。例如：我了解富發牌是專門販售台灣製的鞋子。

2. 可信任：人們相信品牌提供的產品或服務，在該領域具有一定的品質。例如：對於 Uniqlo 優衣庫的衣服，我相信它肯定不會是用很差的布料。

3. 可認同：人們認同品牌的價值與理念，進而產生了選擇偏好。例如：我認同綠藤生機的綠色環保理念，儘管綠藤生機的清潔產品比較貴，但我依然選擇它。

而知識型個人品牌，可以視為是「以知識工作者個人為基礎的品牌」，這個品牌同樣會經歷上述三階段的變化。我們再用這三階段變化為基準來檢視目前市場的狀況，就可以發現大多數想建立知識型個人品牌的工作者們，普遍懷抱兩大盲點：

1. 太著急：在未規劃清楚商業模式、未獲得足夠的信任以前，就急著想販售產品、服務

2. 太貪心：想表達自己各種的專業與才華，反而導致無法被辨識。

其中「太著急」是最核心的問題。很多人想做知識型個人品牌，卻沒有想清楚自己相對於潛在的目標客群，有沒有充足的專業？如果有，有沒有傳遞給對方並建立信賴？甚至蠻多人還沒想過自己的潛在目標客群可能是誰，就急著開始建立個人品牌。

如果已經想清楚或已經試著嘗試執行，就不容易太貪心，因為你會發現，進入任何一個新領域之後想要被人信任（還沒談到認同），都需要花費不小的努力。

知識複利剛好是解決成為「專家達人」進而「知識變現」兩階段問題的最佳原則，如果能善用知識複利的方法，就能有效成為某方面的專家，掌握可變現的知識產品。

專家點評

王孝梅

成真文創與 IPCP 創辦人

　　我非常認同本章節提及的兩階段知識複利的概念：知識對外可以製作成不同的知識產品，可以幫助他人，並透過這個方法獲得延伸收入；對內我們會隨著所學越多，掌握新知識的速度與深度也會更快，在我個人的經歷中，也讓我有更好的能力去獲得新的項目，增加同業與我連結的機會。

　　我認為商務要有三力：連結力、執行力、締結力。當一個人除了專業之外，更能具備連結力，就會更有機會在商務的契機中勝出。

　　比方說，我從本業的 IP 產業進入到 NFT（Non-Fungible Token，非同質化代幣）或 BNI（Business Network International，商務人脈組織），對我而言都是新的知識領域。而我透過過往內部知識的積累，讓我擁有跨領域類比、加速連結彼此商務合作的能力。而當我們能夠連結，才能更好的收斂彼此合作的方向，進而落地執行跟締結商

務成果。

　商務人士的時間十分寶貴，當潛在的合作對象發現我們有很好的連結與收斂能力，更能增加彼此合作上的信任。同時間，如果掌握新知識的速度越快，我們面對新挑戰的應變能力也越強。這也是在疫情期間，我們能夠不同於同業順利轉型的原因之一。

從壁貼廠商到 IP 專家

　我原先是南陽街的英文補習老師，在開始創業時，我知道創業並不容易，所以我特別先去念博士班，以期提升自己的商業思維。在博士班時，教授分享過一句讓我印象深刻、提升思維格局的話：「創業並不是在做一個產品，而是透過做一個產品進入一個產業。」

　所以我一開始選擇做壁貼，我就用這個思維，試著理解自己要進入哪個產業。一開始我以為自己做的是親子產業，因為銷售壁貼時，會常跟很多爸媽溝通；後來我覺得教育產業更適合我，因為我想透過跟職能治療師合作，讓壁貼具有教育性，但我發現對教育產業的連結很吃力。最後我發現了 IP 產業——我們有時會接代工單，但代工一

般會有一個較大的門檻數量，可是有不少客戶前來詢問時，他們想做的量並不大，只有一、兩百張。於是我開始研究這些客戶，發現他們大多是圖像創作者，在他們圖像IP發展的路徑上，需要一些周邊商品來測試市場。

從研究他們的過程中，我們察覺壁貼對於教育、親子市場並不是剛需；但對於圖像創作者的周邊市場而言，是低成本、好用的剛需，這讓我開始鎖定了IP產業作為我的目標。

透過深入關心，進而深入產業

我一直深信的合作思維是：「所有的關係都是從關心出發。」所以當我決定要進入IP產業，我就認為自己要更多關心我的客戶、圖像創作者們的市場生態，於是我報名了唯一一屆美國授權協會在台灣開的課，還參加很多展覽，包含飛到香港看展，也去美國參展，在參展與看展的過程中，也不斷跟同業交流。

市場上不同的意見很多，我在過程中大量吸收不同人的思考，同時再透過自己的實作驗證，讓我發現自己在IP產業中，我其實是最下游的「產品代工」，我的上游還有

代理商、經紀公司和原創者。

隨著長時間學習的複利累積,我慢慢從要花很多時間理解 IP 相關的知識,變成能快速幫助 IP 產業中的合作者們進行收斂。面對產業的上中下游或不同的產業類型(比方說:與我相差較大的毛巾代工),我也能迅速梳理對方的需求,協助發展合作的機會;這段過程積累的能力與聲譽,也讓我們收穫了迪士尼官方的認證跟驗場。

從 IP 專家到 IP 培訓平台

創業走入 IP 產業的經驗讓我理解到,在產業中我們不可能獨善其身,還要能關心別人、了解別人的需求,才能一起創造更好的產業環境。

所以在探索產業的 IP 過程中我們發現,創作者真正最需要的不是製造時的 CP 值多高,而是製作的產品要能賣得出去。這個觀察讓我想到:他們不就是正在經歷我的創業過程嗎?只是服務的屬性和客群稍有不同,但創業的本質是一樣的!

於是我梳理以前的創業經驗,設計成給圖像 IP 創作者的課程,同時我也結合之前自己在 SLP(Startup

Leadership Program） 擔任課程長的經驗，設計出包含以「商業類、法律類、行銷類」三大主軸的 IP 培訓平台「IPCP」。

我們的培訓中，也結合了我以前在英文教學的經驗。因為在補習班教學，一位老師常會面對 300 名學生，這時如何掌握大家的注意力、幫助不同程度的學生都能有收穫，就是很重要的事。這些過去的技能也讓我幫助培訓平台現有的講師們，能有提升的空間。

從經營 IPCP 的過程中，我深刻感受到，知識如果能夠延伸、放大價值，結果將會相當驚人！

比方我們在做顧問輔導時，一個月大概幫助 5 位創作者就是極限；但透過平台與學院的形式，我們現在一年深度協助超過 300 位創作者、外圍淺層協助超過 1,000 位創作者。

而且還產生了延伸效益，比方很多廠商其實也想認識優秀的創作者，以便尋求授權合作。於是我們透過課程進一步打造廠商跟創作者的媒合平台，真正幫助產業的生態變得更好。

回頭看這一切，我的心得是：「創業一開始會想如何幫助自己的公司存活；公司順利後再來想如何幫助整個產

業更好；當產業發展繁榮，我們可以再想如何透過產業的努力，幫助其他國家的人認識我們，來幫助我們的國家。」

運用知識複利的力量

除了上述的分享，我還想補充一些對於知識複利的應用經驗。

第一，我應用最多的就是「智慧財產（即是 IP）」的概念，我發現 IP 不但可以應用在圖像授權領域，還可以應用在企業品牌、個人品牌。

比方說：IP 的產出物會大幅影響市場的反應（續作，會影響人們對 IP 的感受），所以當我們把自己當作 IP，我們就會控制自己或品牌適合呈現的品牌形象，無論是溝通方式、做事行為等。

同時IP的本質是「認識自己的定位」加上「跨業合作」（像是 Hello Kitty 可以授權到不同類型的產品上），首重是找出自己的優勢空間與魅力點，而不是與人比較；然後再結合不受限的合作思維，我們就會跨出自己習慣的產業領域，去跟不同領域的產業合作（例如我會跟寵物、法律、教育等不同產業合作）。這些合作產出的結果變現效果通

常會很驚人，也驗證應用 IP 思維，我們的變現不需要受限於渠道限制。

　　另外，我的朋友或合作夥伴們，很常說我的學習能力「too over」，能快速掌握人們沒注意到的新觀念。但並不是我有什麼天才能力，而是知識複利的關係——當我在相關知識的積累足夠多後，就能從同一個知識分享中，抓到更多別人沒抓到的新觀點。

　　當然這背後的積累，也是因為我的筆記習慣很全面，在每次的學習中，除了知識重點，我還會特別去記下講師說了什麼？講師是怎麼教學的？

　　第二個是價值型的知識複利。我發現透過分享既有知識製作成課程，會是打造生態系相對簡單的第一步，我們可以先透過一、兩堂課程的分享，吸引一些學員，再進一步訪談跟了解需求後，我們就可以從中去開發已經有需求的服務，而不是盲目開發還不知道有沒有需求的服務。這也是相對低成本、甚至可獲利的做法。

　　本章節提及的價值型知識複利觀念，在在提醒大家要有意識地強化自己去做一些本來就可以做到的事，畢竟我們自己走過的路，都是很寶貴、有價值的經驗，只是很多人沒有發現自己習以為常的能力，其實可以是幫助別人、

甚至可以產生變現價值的。

如果有人也想開設課程，卻不知道如何開始，本章節知識複利的概念，可以幫助人們有很好入手的啟發。

但無論是品質型或價值型知識複利，我們都要提醒自己：在這個多變、混亂的時代勝出的，並不是經驗領先者，而是學習領先者。如果我們只依賴經驗，就很容易因自我設限而打敗；而只要實踐知識複利，把一個新知識深入學習與實作體會，再搭配從分享中獲得的回饋，就會發現我們的所學，可以延伸到更多相關領域，增加相關的價值。

章節小思考

讀者們如果想實踐兩階段的知識複利，可以先想想在你的事業中，你做到現在的成績，背後是依靠什麼核心能力？什麼是幫助你進入這個產業的特質？什麼是支撐你到現在的秘方？這背後的答案，很可能是實踐知識複利的第一步。

第 4 節：
以商業思維基底與內容
創作 POEM 法則

　　了解到什麼是知識複利，與為什麼我們要努力經營
後，接著跟大家分享如何以「商業思維」為基底來經營你
的內容創作。這也是這本書最重要的單元之一，將詳細解
說我們獨創的個人品牌經營與內容創作四階段 POEM 理
論：Preparation 預備期、Operation 營運期、Expansion 影
響擴張期、Monetization 價值轉換期。

Stage 1:
Preparation 預備期

　　在這個階段，我們要運用「產品設計」的思維去探討、
思考自身的定位，並且用數據思維加以輔佐。我們必須要
思考：自己為什麼要不斷淬煉知識？如何以內容創作作為
知識複利的根本來創造價值？我們的知識型內容創作想要
針對的用戶是哪些群體？這些群體他們日常行動跟觀看的
媒體平台是什麼？

　　在這個部分，內容創作還沒有真正的開始，但如同出書必須要先有大綱跟提案，這部分要思考的核心不再是過去那種「我能做什麼？」而要進一步進化到「我能為我的受眾以內容創作帶來怎樣的解決方案？」我提供怎樣的價值？這樣做的意義是什麼？我關注什麼議題？我的受眾會在哪？而我希望透過這些行為，為我的受眾帶來怎樣的影響跟改變？

　　簡單的說，這個階段就要開始定義屬於自己的願景，勾勒出「自己希望被定位成怎樣的創作者」這個願景，去想想「只要提到我，會出現什麼關鍵字標籤？」這個問題。還有，先去預想「我透過內容創作，一年或兩三年後達到怎樣的境界」。更重要的是，透過用戶分析去了解你的受眾有怎樣的特性，怎樣的痛點跟問題。

　　在這個預備期中還有另一個重點，就是要搞懂遊戲規則：到底場上有哪些其他玩家，這些競爭者又是用怎樣的形式參與這場無限賽局。然後從這些分析，回推到自己的定位，思考自己是否真的能讓用戶喜歡、記住。

　　最重要的是要認知到，內容創作必須基於自己的專業。所謂專業不見得是什麼證照或者技能，而是你在這領域突出的實際表現，就連玩寶可夢卡，只要玩的很強，也

能被稱為專家與大師。

【本階段關鍵詞】

準備期需要學習與了解的商業思維關鍵詞：用戶
分析、人物誌 (Persona)、價值主張、商業模式畫布、
STP、競品分析

Stage 2:
Operation 營運期

進入第二階段了，我們要經歷一個「冷啟動」的過程，
一個從零到一的流程。舉個例子，假設你寫的第一本書，
在出版市場並沒有打出響亮名聲，那麼可以準備收拾收拾
洗洗睡吧，因為很難有第二本的機會。因此我們勢必要把
握眼前的機會，避免資源的浪費，精準看好標的，第一發
就命中目標。

這樣思考的原因是，各種平台也會根據用戶的行為數
據加以分析，然後推播認為適合用戶的內容。也就是假設

你的第一個作品是人家還沒看完就直接關掉，那就會被認定是「未受用戶喜歡」，而減少推播機率，影響了日後的發展可能。

所以進入第二階段營運期之後，我們要分析自己的內容該採用怎樣的形式。是文章嗎？音頻？還是影片？這三者是內容創作的主要形式，初期建議大家不要橫跨太多不同的平台跟形式，專心做好其中一類，以一個平台為主，另外二到三類作為搭配。最好的情況是先經營好一個平台，再延伸出去。

當你的內容在某些平台已經運營一季以上，卻仍未能引起回響，該怎麼辦？如果這個平台屬於次要平台，那麼應該要果斷放棄，千萬不要捨不得而留著雞肋。若是主要平台，則要開始思考如何調整方向。

同時要把產出的時間規律定義好。在營運上最怕產生「暴衝而後繼無力」的情況：一開始特別有熱情，日更三、五篇，每天上影片，等時間慢慢累積，可能就沒法維持，反而讓用戶體驗好感降低。所以要先定義清楚「一個可以長期維持的更新頻率」，然後照著去做。一般來說，每周一到兩次，是能維持長時間的好模式。

【本階段關鍵詞】

運營期需要學習跟了解的商業思維關鍵詞：專案管理、時間四象限法、沉沒成本、內卷化理論、顧客價值管理

Stage 3:
Expansion 影響擴張期

　　進入影響擴張時期，你的內容通常已經積累一定程度，也有一些鐵粉形成，這時候就要透過行銷的方法讓影響力擴張。大多數的影響力指標會直接定義為粉絲數跟點閱數，這兩者雖然要關注，但我們更可以思考，光有粉絲數和點閱數，影響力是否真的有增加。

　　以文章為例，在影響擴張期，雖然流量重要，但更可以思考「我有沒有因為內容創作而提高影響力」。亦即，該領域的大大們有沒有關注到自己？一個領域專家的點讚，勝過幾百個普通受眾的支持。有沒有這個領域的夥伴或單位邀請合作？自己的產出會不會被轉載？

如果有，恭喜你，你正在對的道路上。如果沒有，那也沒關係，你可以主動出擊，開始以「商業開發」的角度去跟外部夥伴提案洽談合作。初期的目標是要「影響力」增加，所以在聲量還不足以變現前，都不應該以實際的價值作為考量。

影響力不只要向外延伸，還要向下扎根，跟我們的受眾的關係也要經營良善，每個粉絲的留言有沒有去回覆？人家私訊的問題有沒有妥善的給予建議？這些互動能讓自己的影響力外溢，受眾也會因此與你建立正向連結而更願意推廣你的內容。

這階段可以開始學習一些行銷的方法與工具，來放大自己的影響力。同時，聲量放大的過程中可能因為粉絲不斷增長，大量的互動或問題難以全面處理，導致粉絲體驗不佳而引發小型聲譽危機，所以也要對可能的風險作出事前管理跟預防。

【本階段關鍵詞】

影響擴張期需要學習跟了解的商業思維關鍵詞：
STV 模型、商業開發、滾雪球效應、DARGMAR 模

式、LAST 原則

Stage 4:
Monetization **價值轉換期**

　　價值轉換期，顧名思義就是「從流量跟影響力轉換成實際價值」的時期，也就是我們最常說的「變現」。內容創作的變現模式非常多，常見的主要方法包含：直接變現、協同行銷、知識產品三種，可以簡稱 DCK 模式。本書第四章將會更詳細地解說這三種方式的實務操作。不過，關於這三種方式，現在我們必須先知道：

　　1. 直接變現類 (Direct Monetization)：廣告分潤、直接打賞

　　2. 協同行銷類 (Collaborative Marketing)：業配、聯盟行銷

　　3. 知識產品類 (Knowledge Products)：課程、顧問、訂閱、出版

　　直接變現的方式，簡單說就是從你的受眾的流量，透過廣告平台，間接轉換成價值。主體的對象是你，方式可能是部落格或者影音平台上的點閱掛勾廣告分潤。另一種模式則是有些平台具有的直接打賞功能。

　　其實對於大多數的內容創作者來說，直接變現比較難成為主要收入來源，因為直接變現非常吃流量跟粉絲喜愛程度。大多數的內容創作者主力放在耕耘一個專業領域，因此面對的比較不是普羅大眾，流量規模有侷限。當然不可否認，仍有許多網紅跟直播主透過這個模式有豐厚獲利。

　　至於協同行銷，追求的是導流的效果，也就是你的流量能轉換成合作夥伴的購買。所以主體是在合作夥伴身上。這時候就要從自己的品牌調性去思考，跟合作夥伴是否擁有一致的受眾。假設你明明是談生活美食類，找你業配或聯盟行銷的卻是財經課程，這樣的合作就要謹慎。

　　這種協同行銷若要讓合作的雙方都滿意，就必須彼此在議題關注跟形象上對於受眾有一致性。比如你談的多半是自我成長，但合作方的產品卻是床墊之類，那對於受眾來說會有強烈反差，產生強行置入業配的感覺。產品或聯盟行銷的客體必須跟你有相關性，才不會太過突兀，影響

你自身形象。

最後一個變現模式是知識產品化，這也是我個人最喜歡的。對於專家型 KOL 來說，這也是最能長遠的獲利方式。因為羊毛出在羊身上，能直接從受眾作為主體帶來價值轉換，那是最穩健的模式。相較於流量變現的廣告，**這種模式更不容易受到演算法綁架，主控權更高。**

目前一般常見的轉換的方法以線上課程、個人訂閱制為多，這樣的產品相較於「出版一本書」有更高的產值。顧問雖然不失為一個方法，但需要花費許多時間，而能轉換為顧問的專業也有其侷限性。況且採用這種方式的時候，內容創作者本身必須要有很強的專業性，且專業到受眾肯定，願意為此掏錢買單。

【本階段關鍵詞】

影響擴張期需要學習跟了解的商業思維關鍵詞：
定價策略、MAN 法則、FAB 法則、策略思維

專家點評

鄭均祥

言果學習執行長

學習是需要輸出的，就跟我在言果學習協助企業進行人才培訓一樣，我們也同樣注重演練及作業的設計，相信有良好的輸出才能達到更好的學習效果。

本書的工具提供了一套有效引導歸納與輸出的架構，能夠幫助讀者在接觸新領域時，更聰明的處理新資訊的讀取、整理與應用，達成高品質的學習。

而談到學習，就不能不提筆記的邏輯，我看過許多人的筆記，大多是照著時間順序寫、散點式的紀錄，真正會回去看、回去用的著實很有限。大部分人不太會花心思去重新拆分與彙整筆記主題，所以在聽完觀念、記錄下來後，也就沒有然後了。

不過本書提出的「ＰＯＥＭ模組」同時具備了能良好應用及複利疊加的特性，相信善加利用此架構，能為所有學習者帶來更好的學習複利效果。

強化學習動機：言果學習培訓機制

身為一名講師，我長時間投入企業的人才發展計畫，從中發現大部分人在學習過程中，只著重在輸入的層面，以為看書、上課、抄筆記這些獲取「資訊」的動作就是良好的學習。

然而，正如本書所述，學習真正的意涵應該分為「學」與「習」，當習的層面太少時，就無法真正讓知識為自己所用。

因此在設計言果學習的培訓機制時，我們也希望學員能花比較多時間在應用上，真正把所學落地實踐，再透過實踐去修正更好的學習方向。

過去我們有一堂「目標管理課程」特別搭配了 Trello 工具的應用，即是為了確保學員的輸出明確可視化，讓他們親身感受到實際練習的價值，最終也獲得了企業夥伴很好的迴響與信任。

為了提升學習成效及學習動機，我們也嘗試了各式各樣的方法，其中「混成學習」的概念即是其中一個案例。

我們設計了一套機制，期待透過遊戲吸引學員參與課程，讓學員在正式上課前，就先玩過該課程的教育性遊

戲，且只有遊戲排名在前面的學員，才有機會參與課程。

　　而實際操作後的結果發現，因為有了遊戲的基礎課前預習，學員大多對課程知識有一定基礎的認知、具備對主體的掌握度。因此老師在授課時，就能花更多時間帶大家實際練習，帶來更有效能的學習成果。

如何解決「學習無效」的問題

　　當初之所以會特別重視「有具體成果」的培訓方案，其實原因很單純，就是想解決企業人才培訓後無法真正應用的問題。

　　傳統開課方式以老師為核心，講師擁有絕對的決定權，學員大多只是被動吸收知識的角色。但我們的培訓服務則反過來，讓學員主動操作，老師擔任協作者的角色，在學員需要幫助時，給予支持與建議。經過這樣的調整後，學習成效也有了大幅的改善。

　　不過一開始在推行這樣的服務時，其實並不如我們想像中順利。企業中評估培訓方案的負責人跟執行者都抱有很大的疑惑，質疑這樣的方案不會只是在浪費時間嗎？過去學員只要負責聽講就好，現在則要參與很多實際演練，

真的有這個必要嗎？

　　當時在未被市場驗證效用的情況下，我們只能先說服一些新創企業或人資夥伴來試試看，跟他們說明我們推演的成效，也很感謝當時願意一起參與，給予我們容錯空間的夥伴，才慢慢累積出一些成果，讓更多人信服於這套機制。

　　在實際執行的過程中，起初我們總把作業設計想得太過複雜，像是每上 2 小時的課程，就要回去完成 3 分鐘的影片加 2 分鐘的問答，結果發現學員的完成度並不高。

　　後來調整強度，多開幾次小作業，但調降每次的負荷量，且採用不同形式呈現（問卷回答、Line 社群分享摘要、短片回覆等等），就讓學員感覺更舒服，自然也有較高的意願持續參與。

　　核心技巧即是：少量多餐，把每次的作業門檻降低，課中、課後再逐步增加份量，讓學員有更多的參與及練習意願。

最難克服的事

　　在經營教育培訓組織的經驗中，我發現教學的歷程仍

然需要經過精心的設計，才能更被教師所接納。

　　即使有些很好的學習觀念老師們也認同，但真正要落地執行時，多數人還是會因為要耗費太多心力而選擇不改變，錯失了讓學習者親身實作的機會。

　　正也因為如此，言果學習更自覺我們有使命來驅動這些改變，創造企業界的知識品質複利。

知識複利與學習的未來關係

　　我認為，未來會有越來越多事情被自動化、智能化，人類存在的意義可能會產生大幅度的改變。

　　但不變的是，我們擁有學習新事物並加以整合創造的能力。這些創造並非憑空而來，依靠的就是一點一滴的累積，最終在某天產生質變。

　　知識複利是學習過程中的副產品，唯有在有意識的狀態下進行改變和學習，才能真正體會這個副產品的價值，產生品質的知識複利，進而變現創造出價值的知識複利。

　　不過在此也提醒讀者們，如果你只是一心想要變現，對於初步踏入這塊市場的人來說，反而會容易跌倒、得不償失。要記得，知識在未來就是你的重要資產，好好對待

它，你就會得到回報。

章節小思考

讀者們可以進一步思考，如果現在有人找你講課，你覺得人們會因為什麼主題來邀請你？

而這，很有可能就是你在別人心中的定位，這個定位是你期待的嗎？

從現在開始釐清自己的期待與現實的落差，中間的努力空間就是各位開始學習的時候了！

透過知識複利，
創造屬於你的價值拓展策略

第 1 節：
知識的品質複利

關於知識的品質複利，我想先分享一段巴菲特在哥倫比亞大學商學院畢業典禮上所說的一句名言：「每天閱讀 500 頁，知識的運作將如複利般積累。這件事人人都可以做到，但鮮少有人真的去做。」（Read 500 pages every day. That's how knowledge works. It builds up, like compound interest. All of you can do it, but I guarantee not many of you will do it.）

這是個令人振奮的鼓勵。或許有人會疑惑：如果單就表面的行為而言，「每天閱讀 500 頁」、甚至「每天做 500 張筆記」，並不會產生知識複利，因為這只是單純以加法為基礎的「疊加」，並非以乘法為基礎的「複利」。

而疊加的思維恰恰會導致我們在上一章說過的「低效益學習陷阱」：不妨翻開你的筆記檢查一下，你會發現有大量重複的內容；而我們的學習是需要不斷抗衡人腦的遺忘天性、筆記遺失、查找困難造成的知識複損。

所以說巴菲特說錯了嗎？也不是，大量閱讀確實是可以讓我們產生知識「品質」複利，但首先先讓我們搞懂這

背後的秘密。

每日大量閱讀的秘密：
潛藏在量變下的質變

　　大量閱讀之所以能夠產生知識的品質複利，其實跟我們人腦儲存知識的核心——「神經元結構」有關。前章在知識檸檬樹中的故事提到的，我們的神經元結構像是一個如樹枝般的網狀結構，而知識的構成就是神經元之間彼此相連所形成的。

　　當我們學習時會激活神經元，來幫助我們儲存學習到的資訊，而相關資訊經過重複積累與思考激活，會加強神經元間的連結強度，讓我們對某個資訊有更深的印象、也更有機會讓我們能夠使用它，變成能為我們所用的知識。如果某些神經元太久沒使用，連結就會自然變弱甚至死亡，也就是遺忘（關於遺忘與記憶，在腦神經學中有更多元可能性的研究，這裡用最簡單的解釋，以便讀者理解。）

　　而大量閱讀、每日閱讀，等於在一個相對較短的時間內大量激活相關的神經元，也容易使得眾多神經元之間彼此產生連結，當某個領域的神經元之間的連結越來越密

知識複利　第二章
透過知識複利，創造屬於你的價值拓展策略

集，我們也就對這個領域越來越了解，甚至還因為不同領域神經元之間的連結，產生一些創新的想法。

這種在「閱讀學習的量變」之下產生的「知識品質的質變」，就是大量閱讀、每日閱讀能產生「知識品質複利」的原因。所以你也許聽過有人說，若想掌握某個領域，就是針對該領域挑選多本相關書籍，進行快速、密集的閱讀。

兩個科學奇蹟年的共通性

在這裡我也想分享一個小趣事，科學史上有兩個奇蹟年，第一個是艾薩克‧牛頓爵士（Sir Isaac Newton）在1666年間完成了力學、光學、萬有引力等古典物理學的重要學說；第二個是阿爾伯特‧愛因斯坦（Albert Einstein）在1905年間完成了光電效應、布朗運動、狹義相對論和質能等價等量子物理學的重要學說。

這兩個奇蹟年之間有一個有趣的共通性：1666年牛頓為了躲避倫敦大瘟疫而遷居林肯郡的鄉間，進行密集的學術研究與思考（也是在那一年被蘋果砸到頭）；而在1905年愛因斯坦正在無聊的瑞士專利局工作，因此進行

密集的思想實驗。

說到這裡我們可以發現，正如前面提到知識品質複利的秘密，兩個奇蹟年都是在一個「大量」思考與學習的過程中誕生的「質變」成果。

知識品質複利的重點：
提升知識間連結的品質

了解每日大量閱讀和科學奇蹟年的秘密後，其實我們會發現量的連結可以產生質的成長。然而比起量的多寡，更重要的是「連結」的品質。

因此「海讀一百本書，不如讀懂一本；淺嚐一百件事，不如落實一件」。如果我們能善用有複利性的學習法與筆記法，打造一個能夠提升知識連結品質與提質變效率的系統，那我們就能加快成為領域專家的速度。

尤其希望能幫助對於想嘗試新領域、卻不知該怎麼開始而怯步的讀者們，我相信透過以下這個練習，你也可以加速積累自己的專業。

知識複利的實做練習：
開始前的小提醒

這邊提醒一下讀者，接下來是一個學習過程，這個學習過程包含了「探索問題」、「解決問題」、「知識複利筆記術」三個環節。其中「探索問題」與「解決問題」，主要是針對想設定學習目標或進行跨領域學習的讀者，能夠分享我設定學習主題的方法，以及過程中應用知識解決問題的思考工具。

如果你沒有特別想探討跨領域學習，想直接了解如何應用「知識複利筆記術」提升知識品質複利，建議你可以直接跳到本章第三小節「知識複利筆記術」。

知識品質複利的起點：
問題是成長的起點

如同知識檸檬樹的故事，問題是一切成長的起點，教育學中也有所謂的「問題導向學習（Problem-Based Learning, PBL）」強調模擬真實問題情境的學習。這背後的觀念都是說明，隨著每次解決實際問題過程中的嘗試與

摸索，我們的大腦才能開始凝聚一顆顆的知識檸檬，讓我們的思維越來越強壯。

　　而問題的來源可以區分為兩種：被動問題（階段挑戰）與主動問題（寵物專案）。

被動問題（階段挑戰）

　　我們在社會生活的不同階段，都會碰到不同的問題，比如學生階段的考試、工作階段的任務、又或者是如生兒育女等生活變化的挑戰，這些都屬於是隨著社會階段演變，我們所不得不面對的問題。

　　一般來說，針對這些階段挑戰所投入的學習，成效會最佳，因為生活環境會時刻給予我們回饋。假如你是新手爸媽，若多學會一些安撫小寶寶的方法，就能讓你的家庭生活更舒適；假如你正在面對簡報難題，若學會了邏輯清晰、表達清楚的簡報方法，你的主管、客戶會更賞識你。

　　但階段挑戰的問題在於新鮮感快速降低，因為階段的演變不會那麼頻繁與快速，一開始面對問題的新鮮感結束後，只要上手、熟習了，就會陷入不斷重複的疲憊感。

主動問題（寵物專案）

而我們的一天，除了工作的時間外，幾乎有 8-10 小時的自由時間，這些自由時間，我們通常會選擇休閒娛樂，或者積極一點進行學習進修。休閒讓我們快樂，卻有耍廢的壓力；進修能讓我們成長，但是相當消耗心力，這導致我們常常在兩者間搖擺掙扎不已。

你是否曾經想過：「如果能在娛樂的同時又能成長，那該有多好？」我用「寵物專案」（Pet Project）這個概念，來說明同時滿足娛樂與成長的學習計畫會是什麼樣子。

所謂的寵物專案，是我們出於對某些知識、成果的嚮往或好奇，所自主發起的，基於興趣的學習，其目的可能是為了追求斜槓、副業、創造個人品牌、學習技能等。這種情況常被稱為業餘專案（Side Project），但我更喜歡用寵物專案來形容：就像是我們養了一個會成長、讓自己開心的小寵物。

寵物專案的本質是「用自己的自由時間，做有興趣的事」，它屬於一種問題與挑戰，讓我們在進行休閒娛樂時（嘗試感興趣的事）也同時學習成長（解決過程中的問題）。

相較於階段挑戰的「不得不」，寵物專案能讓自己在

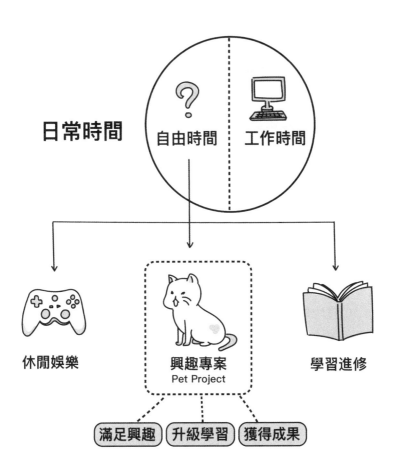

圖説：用寵物專案滿足娛樂、學習與獲利

疲憊、無聊的工作環境中，開展一些讓自己開心的事。人生往往有很多新的機會，可能就從寵物專案中誕生。

用寵物專案滿足娛樂、學習與獲利

寵物專案除了可以滿足我們「娛樂與成長同步」的需求，更非常適合跨領域的學習，因為在我們執行跨領域寵物專案時，可以隨著投入的深度，獲得三個跨領域學習上的好處：

1. 實際體驗、滿足興趣：透過實際體驗，讓我們知道自己是否真的喜歡這個新領域。

2. 實務練習、升級學習：跨領域學習需要透過實務的練習才能夠讓我們真正學會，而寵物專案就是需要實際執行的學習計畫。

3. 幫助未來、獲得成果：如果我們在寵物專案中成功創造出一些跨領域的成果，不僅能成為轉職時的好案例，也有可能會成為我們新的副業或收入來源，帶來額外的機會。比方：照片開源共享平台 Unspalsh、被臉書收購的 Instagram，都是源自於創辦人的寵物專案。

　最棒的是，寵物專案我們隨時可以終止，不必強求一定要獲得成果，無論是體驗過發現沒興趣，或者已經學到我們想學的，只要滿足興趣就夠了！

　說完寵物專案的好處，你一定會想知道：「我們該如何開始呢？」接下來我將會分享如何用「PET 寵物專案 3

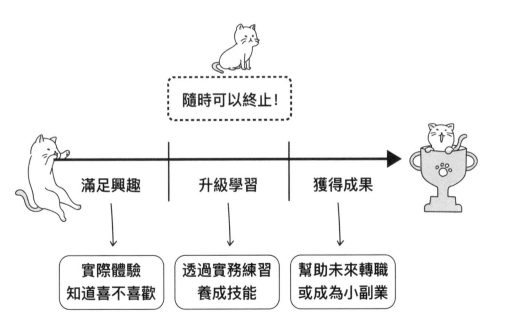

圖說：用 PET 3 步驟，啟動你的跨領域寵物專案

步驟」啟動跨領域寵物專案！

　　• Purpose 專案目的：確認專案的目的，讓我們知道如何衡量自己的成果、如何讓自己更進步。

　　• Execute 專案執行：從根據專案主題借用相關領域的前人經驗，到中途中止或達成目標後的下一步。

　　• Text 專案紀錄：在完成或終止專案後進行歸納紀錄，讓自己對這一次的專案有一個完整的收尾，也重新反思過

跨領域興趣專案

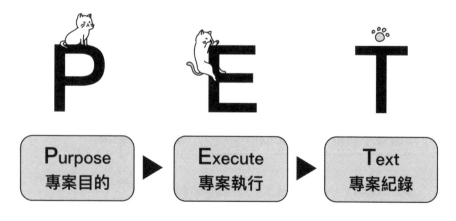

程中的學習。

第一步：Purpose（確認寵物專案目的）

　　確認寵物專案的目的，如同前面的敘述，可能是為了追求斜槓、副業、創造個人品牌，或者也可能是想要學習技能等。而「目的」又與「專案的執行重點」兩者互相連結，從目的來選擇不同的執行重點。一般而言，執行的重點可以區分為行動型與成果型，下面以「學習寫文章」為例：

　　• 行動型專案：重視有做就好，比方說：每天寫一篇寫文章的教學文，或跟別人分享你學到的寫文章方法。
　　• 成果型專案：重視要達到某個結果，並以結果為核心。範例：寫的文章點閱量 1 萬人、讓媒體接受你的文章投稿。

　　行動型專案往往因為有其他的知識素材可以參考（如：書本、文章、課程），無需太多的摸索，主要依賴自己個人的執行狀況，所以相對簡單的多。
　　而成果型專案，不像行動型專案可以依靠其他的知識

素材，會需要經歷自己摸索、拼湊出方法，困難會比行動
型專案大的多。但越是困難，則過程的體悟越深，成功的
價值越高，因此收穫也越大。所以如果寵物專案的主題越
需要實際應用的技能，越適合用成果型專案。

 Purpose 興趣專案目的

分享型	心態	成果型
重視產出 有做最重要	心態	重視結果 做到最重要
不須太多摸索 難度較低	過程	需要自己摸索 難度較高

隨時可以轉換升級

剛開始進行跨領域學習的時候，建議先以行動型專案為主，確認對新領域有興趣後，隨時可以轉換、升級成果型專案。

第二步：Execute（執行寵物專案）

我們現在已經確認寵物專案的目的，接著就可以著手執行了。在執行中最重要的兩個觀念是「將問題拆解」並「借用前人的經驗」。

將問題拆解，能夠讓模糊的大問題變成多個明確的小問題，使我們更清楚該如何解決，找到明確的前進方向。這個比較好理解。

但為什麼要借用前人的經驗，而非自己先嘗試呢？因為人類文明的進展是一個積累的過程，我們現今生活中的科技、文化、制度，都是借用前人的經驗而來，也就是牛頓的名言「站在巨人的肩膀上」。如果我們全部都要自己來，很可能現在要幫一支煙點火，還得從找木頭鑽木取火開始。

不過很多人在面對自己的問題時，第一時間的反應卻是要自己從零開始摸索，這顯然是一種浪費人類文明積累成果的做法，需要我們提防。

　　說到這裡可能有讀者會問：「難不成我完全照抄別人的方法就好嗎？」其實也並不，你的目的可能跟別人不一樣，借用前人的經驗也是有限制的，因為每個事件當下的環境、條件會不同，如果是科學可能還好，但如果是社會、商業、人體等多變化的環境、條件，就難以複製他人成功的方法。比方說：在古代中國因為鹽取得不易，賣鹽可以發大財（甚至有人走私鹽巴販賣）；但到現在家家戶戶都能輕易取得鹽，賣鹽很難發大財。

　　這也是所謂的倖存者偏差——成功者往往會認為自己所走的道路就是最好的方法，但忽略了每個人的環境條件不一樣。而且成功者可能其實並不清楚自己成功的原因，導致誤判「我的方法就是最好的」。

　　他人經驗的最大價值，是讓我們快速掌握有哪些基本知識技需要學習，有哪些問題要優先解決，這樣能減少新手入門時「踩坑」的摸索時間，讓我們有明確的出發方向，以便儘快前往我們的目的。

　　所以與其說要站在「巨人的肩膀上」，不如說要站在「巨人的腰上」，避開不必要犯的錯，多做需要做的事。

借用前人經驗的學習方法

首先，我們先把想學習的前人經驗分成「入門三問題」：

・自己的疑惑：自己對於這個領域好奇或有疑惑的事。

・前人犯過的錯：前人當初在入門時，曾經做錯過的事。

・前人做對的事：前人當初在入門時，發現該多做的事。

根據經濟合作發展組織（Organization for Economic Cooperation and Development, OECD） 的《1996 年科學、技術和展望》一書中，知識可以分為：

・Know-what（關於事實的知識），像是：學習方法有幾種。

・Know-how（關於應用的知識），像是：學習方法的使用技巧。

・Know-why（關於原理的知識），像是：學習方法的大腦原理。

・Know-who（關於哪些人擁有知識的知識），像是：誰知道這些學習方法。

在高度知識分工的社會裡，Know-who 是最重要的，而我們接下來的目標，就是要借用身邊有相關領域經驗的人請教「入門三問題」，來確立我們初期的學習目標或要解決的問題，而如果沒有人有相關經驗或資料搜集不充足，則可以再透過網路搜尋、翻查相關書籍，或上相關課程進行研究。

要提醒的是，此時的目標是建立「初期學習目標」或「要解決的問題」，並不是直接進行學習，而起步的速度往往會決定最後的完成度，如果我們花太多時間在探索目標與問題，很可能還沒出發就不了了之。所以我們優先請教他人，其次是網路搜尋，至於

看書、上課，因為要消耗的時間最多，是最後不得不的手段。

　　下面以我當初的跨領域興趣專案「製作做Podcast 節目《成長嗨咖》」的研究為例：

　　・自己的疑惑：要做 Podcast 節目，我自己的疑惑是：該準備什麼設備、要如何上架到各平台、該如何設定節目題材。

　　・前人犯過的錯：當以「新手、盲點、避免」等關鍵字搜尋時，發現前人建議要避開的錯誤是：環境回音與雜音、語調沒有起伏、列論述大綱而非逐字稿。

　　・前人做對的事：當以「新手、應該、步驟」等關鍵字搜尋時，發現前人建議要去做的事，包含：訪談時要保持好奇心多問、主題要能幫聽眾解決問題、聲音微調更有溫潤感。

　　掌握以上的學習目標與要解決的問題後，我就可以開始進行學習和解決問題，讓我快速掌握製作Podcast 入門所需要的知識。

　　借用完前人經驗，建立好入門的學習目標與要解決的問題後，接下來想要達成成果、穩定行動，還是得靠我們自己努力。過程中我們遇到的問題，可以透過下一個小節分享的學習與解決問題工具「iOPF」方法，去找找看類似問題是否已經有人擁有解決經驗或方式。如果完全沒有，就需要靠自己實驗、嘗試了，而這也是寵物專案的學習過程最有趣的地方。

　　最後，如同一開始提到的，在寵物專案的執行過程中，你隨時可以終止，讓自己轉換到其他專案。或者你達成原本設定的成果，也可以考慮繼續探索這個新領域，設定新的目標。切記這是你的寵物專案，唯一的原則，就是你是否有興趣繼續。

第三步：Text（記錄寵物專案的收穫）

　　當你的寵物專案執行了一段時間（無論是每日、每週、每月都可以），或者是你想終止時，你就可以進行「FLY 飛行紀錄」，就像飛行員紀錄航行的過程一樣，能幫助自己把模糊的體悟轉換成清晰的反思，讓自己不僅有過程的經驗，還有銘記於心的學習收穫，這樣才算是真正完成了一個寵物專案。

以「學習寫文章」的行動型專案為例：

・Fact 事實（我做了些什麼？）

記錄下過程中做過的事，如：「研究《寫作是最好的投資》一書」、「撰寫〈如何寫文章〉的教學文」、「修改一篇自己原本的文章」。

・Learn 學習（我學到了什麼？）

反思從做過的事中，獲得了什麼學習與啟發，如：「寫文章前要先建好架構」、「在下標上會有已知的盲點，可以問別人的體悟」、「因為害怕不完美不敢發，但可能發出來才發現根本沒人看」。

・Yell 內心的吶喊（我過程中的體悟？）

感受自己在完成這個專案後，內心的聲音與體悟，如：「好希望自己能早點開始投入寫文章」、「覺得自己扎實完成一個學習很有成就感」、「不要因為時間就放棄，寧願少寫，也要繼續寫」。

Text 興趣專案紀錄

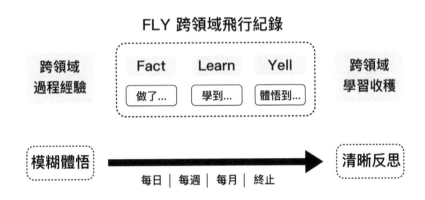

在這個小節中提到的「學習寫文章」和「製作 Podcast 節目」，是我自己親身進行過的寵物專案。這兩個寵物專案結束後，它們真的為我帶來了新機會：因為這個過程中的經驗和成果，使我身邊有興趣的朋友找我請教過程中的做法（我也成為了別人的前人），然後有些朋友還引薦了想進行嘗試的客戶給我，讓我獲得新的顧問專案，讓我每個月多了一大筆收入。

也因此我非常推薦，如果你對於階段挑戰已經感到乏力、無趣，不妨啟動一個你的寵物專案，嘗試學習你有興

趣的新技能，因為你有興趣的事，必然也會有某些人有興趣。當你成功跨出摸索的第一步，你就有機會回頭來分享你過程中積累的知識，給有興趣但還沒踏出第一步的人。

當然知識的分享要能變現，需要有產品化的方法，相關的方法將在下一章的知識「價值」複利中，會有更近一步的討論。

人物故事
瓦基

　　2021 年 10 月中旬，在各大 Podcast 排行榜中突竄起一個新秀，收聽率不斷飆升，一度超越股癌、吳淡如跟唐綺陽等等知名節目，奪得第一並連續霸榜數天，至今仍排在台灣前 10 名。「下一本讀什麼」這個節目不談財經，沒有訪談，反而是專門談閱讀跟介紹書籍，Podcast 累積超過百萬收聽，臉書也有超過 5 萬粉絲，每篇貼文都能獲得數千點讚。

　　更有意思的是，這個已經超過百集的節目，背後沒有龐大的製作團隊，只是一個台積電主管業餘時間的興趣而已。「下一本讀什麼」創作者是書評部落格「閱讀前哨站」的站長瓦基。

興趣多元，卻不包括「閱讀」

　　爸爸是老師的瓦基，小時候並沒有特別喜歡閱讀，反而是 30 歲開始成為主管以後，為了帶領團隊，才努力從

書中找到在生活跟職場中可以帶來改變的解決方案。

　　點開「閱讀前哨站」的網站，精美的設計風格，很難想像這是一個理工背景的工程師親手製作的。原來，瓦基小時候就讀美術班，連他都沒想到美術的訓練會在他自己架設網站時派上用場。

　　在台東從小學讀到高中，瓦基從小就是一個充滿活力與創造力的孩子，常常跟三五好友跑去美術教室調皮搗蛋、偷偷作畫；常常因為太頑皮，中午被叫去罰站，讓老師很是頭痛。好奇心十足的他，對科學也很感興趣，高中時參加科學研究社，動手玩創意，參加各種科學競賽。

　　大學就讀中央大學機械系，大一都在打「魔獸世界」，直到有天學長告訴他，如果大二之後成績很好，就有機會用推甄的方式進入研究所。於是瓦基有了生活目標，開始發憤圖強專注於課業，拚了好幾個書卷獎。他也參加國標舞社跟系上活動，更常常利用美術專長，協助製作各種活動美工。憑藉著優異的成績以及多元的社團經驗，讓瓦基畢業後順利進入了台大應用力學研究所。

「讀書方法」的重要

　　讀研究所時的專長是「熱流分析」，而專攻相關專業的學長姐大多進入汽車產業。但瓦基跟學長們聊過後，發現自己的性格似乎不大適合汽車產業，但對於自己往後的職涯也沒有特別想法。畢業時，他為了可以錄取研發替代役、直接進入業界（部分企業針對應屆畢業役男，開設「先報到，再服役」職缺），而申請了台積電的職缺——當時的瓦基連台積電是做什麼的都不清楚，只知道是半導體產業。

　　瓦基的機械背景加上學過軟體，讓他進入台積電時，被分配到一個全新的部門，做機台跟軟體整合開發。這個單位比較偏向開發專案，服務工廠生產端的夥伴，工廠的單位就是他們的客戶，讓瓦基多年來練就了一身系統開發跟機台整合的本領。

　　在台積電工作 7 年後，他因為優異的表現升任副理，但他卻認為自己仍少了運營工廠的歷練，因此在台南五奈米廠建廠時，自告奮勇加入新單位。就這樣，瓦基展開了他新竹跟台南兩地跑的旅程。

　　隨著當上主管，面臨的問題也越來越多，包括管理領

導跟跨部門溝通整合等等。這時候瓦基開始積極閱讀跟學習。但過程中他發現自己常常看過書以後忘記內容，或者實際遇到問題要應用時卻又想不起來，不知如何回顧跟活用從書中學到的重點。

於是，瓦基開始寫讀書筆記，一開始只是在 Medium 上寫作，後來想想自己有寫程式的能力，乾脆建立一個網站收納讀書心得。想不到越來越多人注意到瓦基跟他的閱讀前哨站，後來他更因而展開了 Podcast 的製作，至今兩年多已累積 100 多集。

很難想像在台積電這樣緊湊的工作生活中，瓦基每周還能抽出 10 多個小時，經營臉書、IG 跟網站，持續寫文章以及錄製 Podcast。瓦基說，這是因為他活用書中關於時間管理的方法。他也想告訴大家，雖然大家可能跟他過去在職場一樣，過著早 8 晚 9 的上下班生活，但用對方法仍可培養自己的興趣，發展出斜槓人生。

寫讀書筆記不只幫助瓦基透過輸出而內化了自己的學習所得，更幫助了許多人。瓦基一開始只是單純的紀錄，他追求的是自我成長，沒想要靠自媒體獲利，常常發文以後也不管按讚數，就算有酸民留言也不予理會。但這樣無心插柳最終也讓閱讀前哨站的臉書粉絲突破 5 萬，每篇貼

文可以有數千讚數。

自問「為何而活」，毅然拋下台積電「金飯碗」

　　瓦基在經營閱讀前哨站跟擔任台積電主管的工作間，很順利的平衡了兩年。但後來瓦基卻從人人稱羨的「金飯碗」台積電離職，讓主管同仁跟親朋好友大感不解。

　　他為什麼願意放下台積電的工作，全心投入自媒體？他說：「人生很多無常，我常常思考人為何而活、想要如何生活這樣的議題，期待自己可以創造一些能留給其他人的價值。」剛進入台積電時，瓦基給自己的生涯目標是當到副總。等實際工作後，他發現就算是副總這樣的高階主管，其實也跟平常人一樣沒啥差別。

　　於是他認真思考：自己想成為怎樣的人──假設抽離台積電主管的身分，他還會剩下什麼？此時，他想到了他在台積電的典範人物林本堅副總，不論是學識還是工作表現都讓人十分敬佩，留下很深遠的正向影響與價值，這讓他開始有了一個想法，就是頭銜並不重要，重要的是能帶給別人什麼幫助。

　　在台積電工作 10 年，瓦基透過投資開始有一些被動

收入。物慾不高的他,發現自己對財富已可抱持自由的心態,不用再為生活苦惱,於是毅然辭去了台積電的職務。

雖然一度遭受長輩反對,但瓦基說,在經營閱讀前哨站過程中,曾有 80 歲的奶奶告訴他,透過他的文章跟 Podcast,學到很許多新東西。這實在出乎他的意料之外,沒想到自己的分享甚至能影響到這個年紀的長輩。也有許多正在考大學的高中生,對於瓦基分享整理的讀書心得表達感謝──這些都讓瓦基體認到自己做閱讀分享的巨大意義。

瓦基說,他期待之後的生活,就是持續的閱讀、分享跟透過線上課程幫助別人。這會是他接下來 30 年的志業。他想用自身的故事傳達一個價值,就是人生不要被侷限。他作為台積電主管,同時斜槓出知識分享者與自媒體經營者的身份,無論何者他都努力做到 100 分。他鼓勵讀者:只要學會時間管理跟維持專注力,人人都可以成為自己想成為的人,過自己理想的生活。

許多人對於大環境抱持著悲觀的態度,但瓦基認為,不要小看個體的力量,與其面對大環境感到氣餒,不如勇敢做一些自己熱愛、同時能帶來影響的事情。他也鼓勵大家,在資訊爆炸的年代,反而需要靜下來,排除外在的干

擾，好好看幾本書，書中的知識往往都能讓我們的生活與職場問題迎刃而解。

第2節：
知識品質複利的「學習應用」工具：iOPF

從學習到應用，關鍵在先輸出嘗試

上一節我們討論了如何進行一個基於興趣的寵物專案，從設定專案目的、開始挑戰的目標，到結尾反思的完整方法。但其中我們還可以更充分討論一個議題，就是在過程中我們遇到不會的事情，該如何進行有效的學習與解決？

其實我從人文跨領域到商業、科技，讓身邊想進入新領域的朋友，常常好奇地問我一個問題：「你到底是怎麼學這些新技能的呀？」

因為多數的朋友往往投入了很多時間與精力，拚了命的上課、看書，可一但面對實際問題需要動手處理，腦中卻只有零星的概念，甚至一片空白，使得急著想進入新領域有所表現的他們感到深深的焦慮。

而過去這種「花了很多時間學習，實際面對問題卻用不出來」的窘境，其實也相當困擾我，我也因此鑽研了各

種學習方法，嘗試開發過各種學習工具，在試錯過無數次後，慢慢掌握了針對「陌生領域的操作應用型知識」的學習原則與方法，也根據這些原則與方法開發了一套「iOPF 學習思考工具」。

　　但在介紹這個工具之前，我們得理解「學習」這個詞。學習如果拆開來看，其實是由「學：輸入」與「習：輸出」

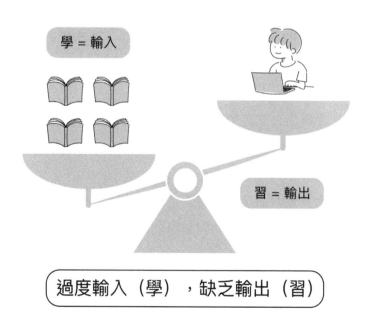

圖說：學習的過度輸入與缺乏輸出

兩件事構成。

「學：輸入」，是指我們看書、上課、抄筆記這些獲取「資訊（Infomation）」的動作。

「習：輸出」，是指我們在學完後，開始透過練習、實作、討論所學的資訊，將資訊與我們的經驗連結，化為我們可以使用的「知識（Knowledge）」。

所以好的學習應該是一個能有效將資訊轉換為知識的流程，也就是讓我們能夠順著引導流程，就自然而然把輸入的資訊，進行輸出嘗試來形成知識。

避開跨領域學習的盲點

但我們在跨領域學習時，常會因為面對陌生的素材導致不安感，而造成「過度輸入、缺乏輸出」。就像你是個武術愛好者，在家裡專研各種格鬥影片、格鬥教學，然後誤信自己可以在遇到對手時可以輕易制服、甚至一打十。

所以學習的關鍵，是「以輸出來引導輸入」，如同美國國家培訓實驗室應用行為科學研究所（National Training Laboratories, NTL）提出的學習金字塔（the Learning Pyramid），將學習保存率狀況分為：

- 低保存率：閱讀、聆聽、影音、示範。
- 高保存率：互相討論、實際操作、教學別人。

　　低保存率的「閱讀、聆聽、影音、示範」屬於被動的輸入，而高保存率的方法，無論是「互相討論、實際操作、教學別人」都是屬於主動的輸出。

　　在一般情況下，學習金字塔最推薦的學習方法是「教學別人」。而學神斯科特·楊（Scott Young）從物理學大師理查·費曼身上取得靈感的費曼技巧（Feynman Tech），也是推廣「透過教別人來學習」，因為透過教學別人，我們會發現自己說不清楚的地方（就是待補強之處），讓自己可以更優化。同時也因為教學要有一連串的邏輯整理，也會刺激大腦產生更密集的神經元連結。

　　我從過去的經驗發現，在跨領域學習、尤其是需要實際應用的知識時，由於領域過於陌生，我們欠缺很多相關知識，有太多不知道的盲點，這樣反倒會使得我們在教學別人時，**自己以為對的事，可能在根本上就是錯誤的**，因此並不適合透過「教學別人」這個方法來達到自我學習。

　　比方在中國紅極一時的「混元太極掌門人馬保國」，從這位門徒眾多的格鬥太極大師身上我們就可以看見，他

雖有許多豐富的武術實戰知識，也教學了很多人，但因為缺乏實際的經驗，導致跟一名業餘散打愛好者格鬥時，竟然撐不過 30 秒就連續倒地三次。

格鬥武術的知識，無論學了再多格鬥的知識、教了再多人，也必須要透過大量實際格鬥的體驗，才會知道具體該怎麼做。而其他操作應用類的知識，情況也是如此，無法空談。所以如果學習的目的是為了能應用，那以終為始最重要的，就是得先「試用」過這個知識。

像是按照老師教的拳法實際打打看，才會知道「什麼有用、什麼沒用、以及什麼我還不知道」，不然會陷入對片段知識的透徹理解，但對於實際上的應用完全沒有概念的窘境，也因此跨領域學習的輸出，親身「嘗試試用」比「教學別人」更重要。

iOPF 學習思考工具四步驟

前面談完學習與應用在跨領域知識上的重要性，接著將分享如何應用我日常使用的「iOPF 學習思考工具」，使我們在面對問題時，可以自然而然從「學習」到「嘗試試用」。

首先要說明，iOPF 是我參考金川顯教先生於《聰明人都實踐的輸出力法則》分享的「iOIF」和古典先生於《躍遷》分享的「IPO」兩個觀念，並針對「自然而然的引導」、「應用知識解決問題」、「獲得回饋讓以便優化」這三個目標為原則，改良而成的強力輸出工具。

iOPF 學習思考工具，主要分為四步驟：

· 微輸入（input）：在解決問題的初期，先針對問題進行快速的資料搜集。

· 歸納輸出（Output）：從搜集的資料中，歸納輸出自己的想法。

· 應用輸出（Practice）：根據自己的想法，實際嘗試應用解決問題。

· 檢討優化（Feedback）：應用後檢討反思是否有哪邊可以更優化，並根據想更優化的地方針對性輸入（Input）。

微輸入（input）和檢討優化（Feedback）的重要性，我們稍後會談到，但在此特別將輸出的環節，拆分為「歸納輸出」與「應用輸出」，就是為了強化在實際應用上的

引導，因為在蒐集完資料後，常常會見到兩種狀況，導致
應用型知識的學習品質不佳：

1. 只有整理歸納自己的想法，缺乏嘗試使用，因此沒
有再進一步優化的機會。這常見於商業、行銷類相關知
識，只有紙上談兵，真的要應用時發現問題跟想像中的不
一樣，使得腦袋一片空白。

2. 看完資料馬上應用，缺乏再重新整理、提煉知識，變成只有碎片性的複製操作，常見於數位、科技類相關知識。這雖然比前者好，但會使得學習的效率很低，需要不斷回過頭來重新學習。

也因此，如果能善用「iOPF」學習思考工具，它將會不斷提醒與暗示我們：在輸出上一定要有歸納、有應用，能大幅提升我們的學習效率。

這個工具另外的好處之一是，只需要將一張 A4 白紙摺成四等份就可以直接使用，不需要特別準備其他的工具或格式。請一定要用紙筆來操作這個思考工具，不能用數位軟體，因為動手的操作，才能激活大腦的思考。

以下示範我當初在錄製 podcast 時碰到「如何讓表達更順暢、降低修改次數」這個難題時，採用的實際操作方法。

第一步：input（微輸入）

當我們面對陌生的領域，可能會出現過度輸入的問題，準備太多其實我們根本不需要的資料。原因很簡單，就是「沒有愛過前，不知道愛情難」，也根本不知道自己

欠缺的是什麼，唯有實作後，我們才會知道真正的重點在哪裡。

因此我們學習的第一步就是要「限制自己的學習量」，因為大多數的時候，我們只需要基礎的概念與方法，就足夠讓我們進行輸出實測，這裡的重點是「微」輸入（所以 input 採用了小寫的 i）。

換句話說，首先針對問題找「少量」資料，然後快速記錄下能幫助解決問題的資訊，通常「少量」資料指的是：網路搜尋相關的 2 到 3 篇文章、快速用 15 分鐘看一本書、找有相關經驗的專家詢問要點，再從中記下對我們解決問題有幫助的概念與方法。

【微輸入範例】

針對在錄製 Podcast 時「如何讓表達更順暢、降低剪輯修改的工作量」，我上網 Google 後，快速看了三篇文章，從文章中記下有幫助的十個概念。

第二步：Output（歸納輸出）

有了微輸入的資料，我們得先把這些四散的知識歸納、整理清楚。透我們的歸納，除了能加深印象，還可以串連我們既有的知識，提升我們對於應用該知識解決問題的能力。通常的歸納可以用 How（應用的方法）、Why（應用的原理）兩者為主，其中 How 是最重要的，因為我們是為了解決問題，所以沒有 Why 也沒關係。

【歸納輸出範例】

我從十個概念中，歸納出了四個重點步驟：

1. 先針對主題，寫好完整的論述架構。
2. 如果主題比較陌生、或者是新手階段，需再寫出逐字稿。
3. 逐字稿需至少試唸 3 次，並根據自己的表達習慣做調整。
4. 對逐字稿有熟悉感、不會卡住後，就可以開錄。

第三步：Practice（實際輸出）

如同前面提到的，通常最容易被忽略的一步，就是把學到的方法，針對一個具體案例進行實際嘗或試用。一般的學習者，在歸納輸出後就會覺得自己已經完成學習了，但其實距離真的會用還遠遠不及。

當然在一般情況下，若你是針對遇到的問題而學習，應該都可以找到可以立刻應用之處。但如果你是基於好奇而學習，而非想解決具體問題或是想優化已解決過的問題，那我建議你還是要設計一個練習的題目，可以是身邊朋友的問題，或找一個曾經發生過的問題案例，然後找相關領域有經驗的專家，討論或分享你想像的做法。

【實際輸出範例】

歸納完四步驟後，立刻進行實作，我馬上製作在下一期 Podcast 節目時，實際寫完架構、寫逐字稿、試唸逐字稿、最後再開始錄音。

第四步：Feedback（檢討優化）

在嘗試試用完後，有了實際經驗，我們一定會發現兩件事：「什麼有用？」「什麼沒用？」「有用」的部分值得保留，但更重要的是「沒用」的部分，因為這代表我們在實際嘗試後，發現還沒解決的具體問題。

【檢討優化範例】

在實際按照方法錄完 Podcast 後，發現有用的部分：

先寫好完整架構，在表達時有依循會更順暢。

· 寫好完整架構的試念調整，可以發現不順暢處，讓內容前後一致性更高。

發現沒用的部分：

· 逐字稿太耗時，雖然解決了修改編輯量的問題，但整體耗時的問題並沒有解決。

· 錄音時會被逐字稿牽著走、導致表達上雖然順暢，但缺乏情感。

回到第一步：「I」OPF（針對優化）

經過實測而有了具體經驗之後，在進行 Feedback（檢討優化）時，我們會發現明確的、尚待優化的問題，這將能大幅縮小和明確化未來待處理的問題範圍。我們可以再針對這些問題進行「針對性輸入 Input（所以是大寫的 I）」，而這時的輸入將會因為我們更清楚自己需要的知識是什麼，使學習的效率大幅提升，然後接著再度進行後面的整個「POF」學習應用流程。

【針對性輸入範例】

我針對「不寫逐字稿的高效錄音方法」進行研究，然後繼續進行「POF」歸納、應用、檢討的過程。

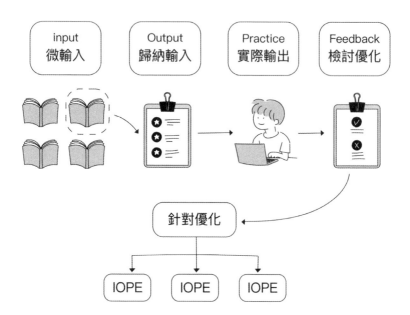

圖説：針對優化的方法

人物故事

李柏鋒

INSIDE 主編、台灣 ETF 投資學院創辦人

　　談到跨界，你會想到誰？李柏鋒從在中研院研究 10 年的海洋生物學博士，轉到財金資訊公司的產品經理，最後成為科技媒體Inside 的主編；而他不只是科技媒體主編，更是知名的理財達人與講師，創辦了台灣 ETF 投資學院。這麼多看起來毫不相干的身分，是怎樣編織出他精彩的人生呢？

因為害羞，才要逼自己主動爭取

　　出身台中大甲，李柏鋒從小在鎮瀾宮附近長大，小時候就是一個很喜歡閱讀的孩子，國中以前就把大甲圖書館的書幾乎都看完，才 15 歲的就看過厚黑學、卡內基這種專為成人所寫的書籍。在閱讀中，他也慢慢積累出自己的可能。本身很內向的李柏鋒，受到許多書的啟發，高中開始轉變成為積極爭取機會的年輕人。

　　考上台中一中，他隻身來到台中市區住校，也開始試
著實踐書中的教導，即便自已是比較害羞內向的人，也是
逼著自己鼓起勇氣參與社團、擔任幹部，還跑到學校訓育
組，問有沒有相關活動可以參與。這麼積極主動的態度讓
師長很驚喜，也讓他開始有機會代表學校參與對外交流活
動。

　　李柏鋒認為，正因為知道自己內向，反而更要積極爭
取彌補不足。他參加過童軍團、吉他社，也擔任宿舍管委
會的自治幹部。高中就用活動跟社團塞滿自己的人生，寒
暑假更是參加各種活動認識許多朋友。同時他也沒有放下
閱讀的喜好，仍常常泡圖書館看各種書籍。

與鯊魚的 10 年戀情

　　大學因為喜歡生物而進入中山大學海洋資源系，接觸
到當時流行的 BBS，在上面加入文藝版，開始每天「為賦
新詞強說愁」，也結交了許多愛好文學的夥伴。除了寫作，
他也騎著爸爸傳下來的野狼 125，趁沒課的時候遊歷中南
部各個縣市。

　　大三那年，李柏鋒到屏東海生館實習，並愛上了鯊魚

——不同於一般的遊客頂多在外場看看水族箱，實習的日子是真的要把魚抓上來治療，幫忙打理一切。這過程讓李柏鋒發現，鯊魚的神態有一種王者的風采，流線型猶如跑車的外型，傲視海中的一切，這讓他深深著迷，也驚嘆於如此美的動物。

事實上如今的研究對鯊魚的認識仍很有限，由於鯊魚是少數的軟骨魚類，死亡後幾乎不會留下化石，生物學家很難考究出鯊魚是如何演化出與眾不同的身形與生態位階。這個難倒科學界的大哉問，成為李柏鋒想要研究的課題。

後來他順利考上了台大海研所，全心投入鯊魚的研究。他透過師長介紹，拜入中研院專門研究海洋生態與魚類演化的邵廣昭老師門下，就這樣展開 10 年在中研院與台大來回奔波研究的日子。

從碩士到博士，李柏鋒就在台灣各地的漁港採樣，回到中研院實驗室分析，然後讀書寫論文。這樣的生活讓他很充實，可以沉浸在自己喜愛的題目中。然而，鯊魚演化之謎難以解開。李柏鋒試著用現在最熱門的 PCR 檢測方式為鯊魚作樣本，放大特定序列並做基因定序，可惜的是，要找到鯊魚 4 億年來的演化脈絡，即便使用最新的技

術仍如大海撈針。

意外成為財經專家

在中研院 10 年的研究生涯後，李柏鋒選擇先去當兵，退伍前他累積了兩個月的假，於是趁這段時間，在原本就有經營的理財部落格上寫更多文章。沒想到這樣的寫作會為他未來贏得一系列工作機會，甚至讓他有機會成為專門的理財專家。

他一開始之所以會研究理財，是因為結婚後發現自己是月光族，為了想辦法找到理財之道，他開始到處研究。中研院學術訓練出身的他，理財研究不同於一般人，他透過專業的學術論文學習，試圖從世界上最頂尖的金融與經濟學者那裡，尋找是否存在「穩賺不賠」的秘招。

結果卻讓他失望——幾乎沒有一篇論文提到能在股市中穩賺不賠的方法，但這個不斷閱讀的過程，慢慢訓練出他獨樹一格的投資觀點，而他也不吝於在 PTT 上與其他網友交流，甚至後來成為 3 個 PTT 理財相關版的版主，一邊做博士學位的海洋研究，一邊寫理財研究心得。

退伍後，許多投顧跟理財科技的公司注意到這個在台

灣用國外學者論文作為基礎，分享美股跟 ETF 的理財部落客。在當時，台灣很少媒體專研這兩個題目，更不用說是引用專業的國際學術論文了。李柏鋒退伍後，思考到如果唸完博士，仍繼續走學術道路，選項只剩下公部門跟大學教授兩條路，而喜愛自由、不喜歡被限制的他選擇不走學術，進入了業界。

　　他的第一份工作是在 MoneyDJ 擔任看盤軟體與網站的產品經理，這份工作是雇主看到他在網路上的文章，主動聯繫他而獲得的，讓他很驚喜，因為在學術圈打滾 10 年餘的他，連什麼是產品經理 PM 都不懂。但雇主看中他在美股跟 ETF 的專業研究程度，力邀他加入。

　　他在任職期間仍筆耕不輟，受到許多媒體邀請開設理財專欄，漸漸地許多電視媒體有相關主題也會詢問他的專業看法。而李柏鋒的投資研究，更看重的是整個生態圈跟系統化的架構與格局（這或許與他特殊的學術背景有關），慢慢走出了屬於他的風格與道路。

　　5 年後，李柏鋒偶然看到網路科技媒體 INSIDE 在徵求主編，過去喜歡寫文章跟了解科技前研訊息的他，對這份工作很有興趣，因此又決心轉換跑道，多元跨領域的背景讓他被相中成為了 INSIDE 的主編。

職涯關鍵詞：自學力、好奇心、熱情

從中研院、財經科技公司到 INSIDE 的主編，李柏鋒都樂在其中，因為每個工作都能讓他接觸新知。熱愛閱讀與學習的他，因著熱情，把每份工作都當成志業來做。即便業外收入已經遠遠高於薪水，但為興趣而做，反而更加有熱忱。

李柏鋒精彩的職涯裡有 3 個關鍵詞：自學力、好奇心、熱情。從小喜歡閱讀的李柏鋒，靠著自學累積了大量的知識，同時因為對世界的好奇心，讓他面對各類跨領域挑戰都能毫無畏懼。這份熱情創造出來的精彩人生，也證明了人生有無限可能。不管就讀什麼科系、做過什麼工作、幾歲想要轉換跑道，只要是自己熱愛的，都有機會做出成績，創造高峰。

面對新冠疫情，李柏鋒認為疫情帶來的改變是不可逆的，未來所有產業都會受到巨大衝擊。我們不應該奢望世界會回到原狀，而是要思考這個世界未來可能如何發展，進而據此規劃人生。

例如餐飲背景出身的人，就要認知到傳統的餐廳模式

在疫情衝擊下必然萎縮，然而人們仍然有飲食需求，那麼雲端廚房的概念，不提供店面座位，直接透過外送平台的模式必然興起。如果是媒體工作者，未來疫情造成的社交距離規範，面對面的訪談變得困難，此時怎樣善用遠端工具，發展出新形態的傳播生態模式，都是需要練習與規劃的。當全球都面臨相同衝擊，第一個找到新模式的，就會成為業界領頭羊與遊戲規則的制定者。

第3節：
知識複利筆記術

解決問題，不代表能創造知識品質複利

　　前兩節提過的「PET 寵物專案」和「iOPF 學習應用工具」，都是強調透過解決問題、應用知識進行學習，將外界的資訊轉為我們可以應用的知識。但這並不代表光透過解決問題就可以積累知識、創造知識品質複利。

　　一般人以為增加知識量，就能創造知識品質複利，但其實這往往只是增加量體，一點也不「複利」。知識品質複利的要點是「連結的品質」而非「量」，人腦有著遺忘的天性，只要你淡忘了之前所學的，你的知識不僅不會「複利」，還會「複損」。相信大家都曾經有過「這個知識我知道好像跟什麼有關，但我忘了⋯⋯」的經驗。

　　「不遺忘」當然很困難，所以我們需要依靠我們的第二大腦——筆記，讓我們把思維具象化記錄下來，從而克服我們的遺忘天性，還能便於檢視、重新整理，以提升知識的連結品質。令人意外的是，我們一般使用的筆記法，其實很有可能反而造成我們的「知識複損」。

一般筆記法的代價：帶來複損

　　如果你回頭一張張檢視自己的手寫筆記或搜尋數位筆記庫的某個關鍵字，可能會發現有很多重複的知識，零散的出現在各張筆記上。先前我們討論「低效益學習陷阱」時曾舉過一個例子：你想學習財務相關的知識，因此參加了一場財務講座，認真學習並在第一張筆記上記下了「資產負債表、損益表、現金流量表」等相關知識。接著你認真研究了《窮爸爸·富爸爸》，在第二張讀書筆記上記下「資產，就是能把錢放進口袋裡的東西；負債，就是把錢從口袋拿走的東西。」

　　以上這個看似日常的學習過程，卻是造成我們「知識複損」的標準筆記代表，因為它正符合三個「知識複損筆記指標」：

　　1. 重複記錄而缺乏連結：「資產」、「負債」的概念同時出現在兩張筆記上，但如果你沒有一一檢視，你可能就不會知道，更別說把這兩個知識概念互相連結、整合。只要缺乏連結，就沒有複利，上述案例中只是兩張，現實

中如果是你想研究的相關領域，恐怕超過數十張筆記的知識都是可惜的。

　　2. 要用時找不到：人腦的遺忘是必然的天性，但如果案例中你使用的是紙本筆記，我想你一定有這個經驗：過了一段時間你想要去找出某張筆記時，卻發現在眾多筆記海中，根本不知道它在哪裡，最後根本找不到。

　　而如果你用的是能搜尋的數位筆記，儘管你能找到，但你可能依舊會由於關鍵字重複的問題，要一頁頁的去查找需要的內容，過程中消耗大量時間——而且前提是，你還得有養成搜尋筆記的習慣，因為你可能也會忘記有學過某個知識（就像一個熟悉的陌生人）。

　　最可怕的是，當你要用到某個知識時，根本忘記自己曾經寫過相關知識的筆記，只留下概念的印象，然後得重複花時間再一次學習。等於先前花費的時間，一大半都是白費的。

　　3. 找到後看不懂：好不容易終於找出筆記來，這下總可以快速利用之前記錄的知識吧？不料，當初的筆記缺乏優良的知識分類架構，或者當時紀錄得太簡化了，導致你

根本看不懂自己當初的思路。所以雖然找到了筆記，卻也幫不上太大的忙。

　　所以說，如果做筆記的核心目的是幫我們整理思考、加強連結、對抗遺忘，那我們不斷重複紀錄相似的知識概念，不只是浪費時間，還會讓我們想利用某項知識時，找得很辛苦，要不然就是發現記載下來的知識太過零散難以利用——當然，更常見的是我們寫完筆記後，就再也沒用過，放任自己的筆記庫不斷增長（就像衣櫃底層那堆你這輩子都不會想再穿、但又捨不得丟的衣服）。

　　而我們要創造知識品質複利，除了要對抗重複學習、遺忘天性，更得提升知識間的連結品質，這跟古典先生《躍遷》中分享創造「知識的複利」兩個條件不謀而合：

　　1. 不能有知識遺忘：一旦忘了就是在虧損。舉例來說，你記得上次讀書學到的所有知識嗎？如果你忘記又沒筆記，就會是浪費你時間的知識複損。

　　2. 相關知識的累積：對某一個知識領域不斷的深入理解，就能加強我們對這個領域知識的掌握度。

　　假設你學過「資產負債表」又學過「富爸爸的資產、負債觀念」這兩者，那你比起只了解其中一個的人，對「資產」、「負債」會有更深的理解、也會有更好的應用能力。反之如果你今天學了資產負債表，明天學了出師表，兩者間沒有關係，就不會有複利，最好的情況也只是單純的1+1。

　　我們以上討論了實踐知識品質複利的條件與阻礙，接下來分享的知識複利筆記術，就是為了克服「重複記沒連

你的知識是「複利」還是「複損」？

知識複利

不能有知識遺忘 ＋ 相關知識的積累

忘了就是「複損」

EX：上次讀完書忘記又
　　沒筆記…

兩者沒有關係，
就只是1+1

EX：資產負債表＋出師表

結」、「要用時找不到」、「找到後看不懂」等問題，和達成「不能有知識遺忘」、「相關知識的積累」等效用，以實踐知識品質複利為目的，所開發的高效筆記術。

- 知識複利筆記術步驟
  。 步驟一：原始素材（紙本）
  。 步驟二：拆分主題筆記
  。 步驟三：2W1H 架構
    隱藏祕技：觀念連結（RR\OS 等數位筆記）
  。 未來應用
    拆分主題 -> 搜尋歸類進去

能創造知識複利的筆記術三步驟

寫到這裡，你一定想知道：「怎麼做筆記，才能創造知識複利呢？」。

關鍵就在於，我們得拋棄平常習慣的「日期式筆記」，轉換成「主題式筆記」。

「日期式筆記」不是指日記，而是你在某天聽一場演講、看一本書時所做的筆記。這種根據「當天」做的筆記，像是在財務講座記下了「資產負債表、損益表、現金流量

表」，你做的筆記其實是針對「某天的財務講座」而非針對「某個知識主題」。因為我們每天學習的內容各不同，容易產生重複學習；另外每個日期往往都是針對一個大主題的學習，也因此當天筆記的封閉性很高，除非刻意的安排，否則很難跟其他相關知識進行連結。

借用數位未來思想家史蒂文‧強森先生（Steven Johnson）的《創意從何而來》一書中說過的例子：根據後人研讀達爾文的筆記發現，達爾文其實早在提出《天擇說》觀念的一年多前，就已經完成了大部分的核心思想，卻直到看了馬爾薩斯的《人口論》，才激發大腦的連結產生新的想法。這正是日期式筆記的限制所導致的知識封閉問題。

而「主題式筆記」的概念則參考自德國社會學家魯曼（Niklas Luhmann）發明的 Zettelkasten 卡片盒筆記法，主要概念就是在每次的「日期式筆記」後，把筆記內容拆分成根據各主題為主的小卡片，並且寫上編號，以便將相關連的知識彼此串接在一起。如果遇到相似主題的新知識，則可以直接在既有卡片筆記上進行補充。由此可見，魯曼教授有著強烈的「提升知識連結」與「濃縮重複知識」的特色。

　　透過這種「針對某一個明確的知識主題」進行歸納與補充的筆記法，我們就可以避免重複學習的問題，還可以有效強化我們的連結品質。舉例來說，針對「資產負債表」這個概念進行的主題式筆記，就能有以下三個好處：

　　1. 打破日期式筆記的限縮，創造相關知識的連結，像是：原本的「財務三表講座」跟《窮爸爸‧富爸爸》你沒有特別檢視，就不會發現他們的關係。

創造知識複利的筆記術
用「主題式筆記」取代「日期式筆記」

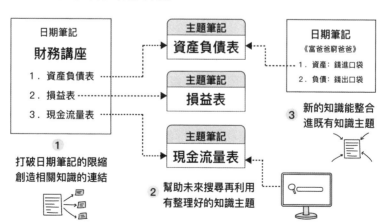

2. 幫助未來搜尋、再利用，有清晰、整理好的知識主題，不會像現在一搜筆記庫，就是滿滿的零碎知識、難以輕易找出需要的知識（想想雜亂的衣櫃或書桌抽屜）。

3. 新的知識能夠整合進入知識主題裡，透過針對一個知識主題為主的筆記方式，不僅可以減少時間浪費在記錄重複知識，還能不斷整合相關的知識、創造知識複利。

透過打破日期式筆記的限制，我們就能將新知識與既有知識進行整合，創造知識複利，也有助於在未來有效利用既有知識。這樣的複利筆記術，不就是我們知識工作者最需要的嗎？

步驟一：將「資訊記錄」整理成一張「日期式知識筆記」

所有筆記的共同原則，就是要把記錄的「資訊」整理成自己的「知識」。因此我們可以在學習的當下，記錄下覺得重要的資訊，事後再進行整理，歸納出自己的理解（這裡建議可以使用數位筆記，以便於編輯修改和後續的操作）。

【舉例】我們參加了一場財務三表講座，聆聽時記下了許多資訊，我們再進行歸納整理：

財務三表講座，日期：2022.11.19
- 資產負債表
  - 意義：某時間點上公司有多少資產和負債？
  - 目的：能知道公司現在的價值。
  - 公式：股東權益＝資產 負債
- 損益表
  - 意義：一段期間內公司賺了多少錢？
  - 目的：了解公司營運狀況、以及產品服務是否具有市場性。
  - 公式：稅後損益＝總收入－總支出
- 現金流量表
  - 意義：一段期間內公司的現金增減？
  - 目的：能知道公司的現金怎麼來、用在哪裡，以及還有多少可以用？
  - 公式：淨現金流＝營業現金流＋投資現金流＋融資現金流。

步驟二：將「日期式筆記」拆分成多項「主題式筆記」

接著我們得把整理後的知識筆記拆分成小的知識主題，一個個複製出來，建立起多項主題式筆記。這裡的知識主題，原則上是越小、越明確越好，這樣會更方便未來整合其他相關新知識；而拆出來的知識，我們要用一個統一架構去分類與整理，以便在未來更方便地補充相關新知識，還可以讓我們日後要使用時可以一目了然就知道該如何應用。

至於整理的架構，我推薦使用前面提到過的 2W1H 架構：

・What（事實的知識）：這個知識能夠解決什麼問題或創造什麼價值？有什麼補充資訊？如：提出者、背景資料、相關知識等。

・Why（原理的知識）：這個知識能夠解決問題或創造價值的原理、原因？

・How（應用的知識）：這個知識應用上的執行或思考步驟、方法？

這裡你一定要使用可用關鍵字搜尋的數位筆記，因為

唯有這樣做，你在未來無論是要使用或整理既有知識時，才能更方便、快速的找到已經寫好的主題筆記，而且不用怕遺失、找不到。

【舉例】
我們將上面例子的財務三表日期式筆記，拆分成「資產負債表」、「現金流量表」、「損益表」三個知識小主題，並針對「資產負債表」以2W1H架構進行整理為例：

主題：資產負債表
　　‧What
　　　　。能知道公司現在的價值。
　　‧Why
　　　　。了解某時間點上公司有多少資產和負債，等於公司此刻的股東權益和投資價值。
　　‧How
　　　　。股東權益＝資產－負債。
現在我們有了清楚的2W1H架構，未來想應用時，只要透過關鍵字把內容找出來，就能快速的了解和使用。另外，有時候2W1H中的某些欄位，可能在這次的學習中暫

時還沒有學到相關內容，事實上這很正常，也並不要緊。如果你想針對它深入了解，可以再去找相關知識補全；或者你暫時不想深入，那也可以先放著，等到未來需要時再進行補全，不用急著一定要當萬事通。

步驟三：將未來「新相關知識」整合進「既有知識主題筆記」
　　接著你一定要養成搜尋的習慣。如果未來你學習到一種新的知識，又透過搜尋找到相關既有知識的主題式筆記，那就可以在完成步驟一後，直接跳過步驟二而進入步驟三，將「新的相關知識」整合進來。

　　【舉例】
　　你閱讀了《窮爸爸・富爸爸》後，先整理出一份日期式筆記：

《窮爸爸・富爸爸》讀書筆記，日期：2022.07.15
　　・資產：把錢放進口袋裡的東西。
　　・負債：把錢從口袋拿走的東西。

　　接著你搜尋數位筆記庫，發現了曾經做過的「資產負

債表」主題筆記，於是就直接把這兩個新相關知識整合、
補充進入「資產負債表」裡：

主題：資產負債表
・What
　◦能知道公司現在的價值。
　◦資產與負債的定義（來源：窮爸爸・富爸爸）
　　資產：把錢放進口袋裡的東西。
　　負債：把錢從口袋拿走的東西。
・Why
　◦了解某時間點上公司有多少資產和負債，等
　　於公司此刻的股東權益和投資價值。
・How
　◦股東權益＝資產－負債。

相信這時你一定會發現，當中的「資產」、「負債」
（甚至是：公司、口袋、錢、股東權益、價值），其實都
可以再各自拆分出新的小知識主題。

你可以透過一些方便的雙向連結（Double Link）筆記

軟體，將這些相關的主題彼此串連，就能幫助你在研究時
進行延伸了解，且強化未來學習思考的效果。就算沒有，
只要你有養成固定搜尋的習慣，也能夠讓知識間彼此串
連。

知識複利筆記術·步驟三
將未來「新相關知識」整合進「既有知識主題筆記」

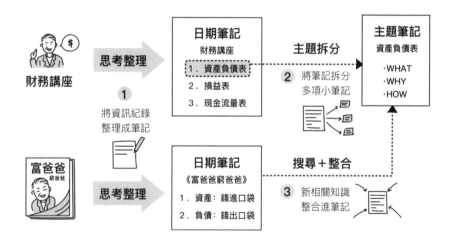

知識複利筆記術的 4 大效益

利用知識複利筆記術，則你的筆記就像是會不斷長大的個人知識管理庫——這也是知識品質複利的美妙之處：不僅我們學過的東西可以被保存、不怕遺忘，還可以隨著我們越學越多，彼此融合和成長。而如果是公司、組織，還能夠透過這個方式打造強大的組織集體知識。

具體來說，知識複利筆記術具有以下 4 大效益：

1. 提升知識複利品質，用系統性的積累，從素人變專家：系統性的積累可以幫助我們有效率地從素人成為專家，而這個過程如果攤開來看，就是在知識品質上擁有「深度」×「廣度」×「速度」三種層次的複利。

首先，隨著我們持續針對既有知識主題進行歸納整理、提煉濃縮，就能不斷加深我們對於知識的理解，提升我們的專業。這是知識品質深度的複利。前面關於資產負債表與《窮爸爸·富爸爸》整合的筆記範例，已經很清楚的說明了這一點。

其次，當我們開始串聯其他相關知識，就能透過跨領域連結，產生原先沒有的創新創意想法。我們前面提到的

達爾文與《人口論》的創意火花，就屬於知識品質廣度的複利。

最後，隨著深度與廣度的積累，我們的認知範圍會越來越廣，使得原先一個完全陌生、需要花費很多時間學習的知識，可能某些部分已經被我們學習過，或者已擁有類似可以借鏡的知識，讓我們的理解更加快速。這是一種知識品質速度的複利，也是知識經濟的雪球效應特色。

2. 善用遺忘曲線，提升連結頻率並加強記憶：由於知識複利筆記術講求「以既有知識為基礎」的補充連結，每次新學到知識都需要先檢視既有的筆記，看是否可以融合或連結相關知識概念，而每次的檢視都等於一次的複習。

這個做法恰好符合心理學家赫爾曼・艾賓浩斯（Dr. Hermann Ebbinghaus）提出的遺忘曲線（Forgetting Curve）當中所建議的學習觀念：「由於我們每次的學習，都會隨著時間逐漸淡忘，因此需要透過不斷複習，幫助我們加強記憶。」

3. 建立個人數未知識庫，帶來「保證找到、加速找到」的效果：我的導師林宜儒曾經問我：「你在解決問題時，

花了多少腦力在回憶相關知識？花多少腦力在思考解決方案？」由於人腦一日的專注力有限，身為知識工作者的我們在解決問題時花越多時間在回憶，等於越少有思考的時間，而這會影響我們最終產出的方案品質。

經常我們在需要某項曾經學過的知識那個當下，卻又發現已經淡忘了，而且還缺乏一套好的數位知識庫（筆記庫）可以查詢，於是就要耗費相當多的時間去尋找知識，甚至最可怕的是找半天還找不到，簡直是賠了夫人又折兵。

而知識複利筆記術強調，採用數位筆記儲存、歸納、整理，這樣不只能保證一定我們找得到曾經學過的知識筆記（在無意外的情況下），還因為這些知識筆記可以整合相關的知識，避免重複或四散，使得我們尋找所需的知識時，速度能大幅提升。

4. 清晰的 2W1H 架構將能加速 iOPF 的應用：複利筆記術還可以幫助上一節提到的「iOPF 學習應用工具」，因為透過「2W1H」整理的架構，等於已先經過一次自己的歸納整理，在面對問題時就可以更快的進行歸納輸出（Output）與應用輸出（Practice），提出更有品質的嘗試

試用方法，加速「iOPF」應用知識解決問題的過程。

　　另一方面，如果你想特別強化某個知識的理解與應用，也可以針對這個知識設計一個模擬或真實題目，使用「iOPF」進行測試，能夠發覺更多可以學習、整合的相關問題與知識。

「知識複利筆記術」的三大複利

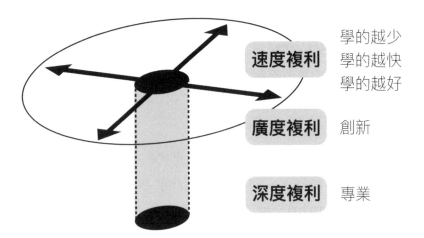

執行知識複利筆記術的小建議

如果你過去零散的筆記數量很大，要整理很花時間（我也曾為此焦慮過），或者你後悔自己沒做任何數位筆記，其實都不要緊，因為逝者已矣，我們永遠都可以從 0 開始。只要你一旦認真執行知識複利筆記術，知識成長的速度，將超乎你的想像。

我過去擁有將近 800 篇的數位筆記和超過兩鞋盒的紙本筆記，但當我從 0 開始使用知識複利筆記術，在短短三天內就已經撰寫了 46 篇筆記，而且是高品質、可以一看就懂、容易增長的複利筆記——比起量的多少，筆記的重點還是「會用、好用、常用」最重要！

最後有一個想分享的觀念，就是「初期投入成本」與「結尾完成成本」往往成反比。舉例來說：一個要交給客戶的企劃案，如果一開始花費比較小的時間與金錢進行研究與思考相關的細節，過程中就可能會發生比較多沒預估到的意外風險，導致想要順利結尾完成的時間與金錢成本會變得很高。反之如果一開始花費比較多時間，把所有可能的風險都進行評估和準備備案，那結尾就會比較順利、容易。

　　而事實上，這兩邊的總成本是不等值的，因為問題會隨著時間和越來越多因素的干擾，導致問題變得越來複雜，使得如果一開始沒有控管好，最後的總成本可能十倍於一開始花更多心力的總成本。

　　可惜的是，我們常會想要避免短期可見的痛苦而選擇將就，無論是做報告、吵架、欠債等情況都相同，一開始不想好好處理，最後導致被當掉重修、關係破裂、債築高台等巨大損失。日常筆記的情形也一樣，在一開始只想著有做筆記就好，卻沒有特別加以整理，結果到最後想用時就出現找不到、看不懂、重複學習等一系列使我們的學習成效低落的問題。

　　因此特別提醒讀者，知識複利筆記術雖然已經是簡化的方法，但還是有一定的使用成本。我們應該相信：這個成本的投入會讓我們的學習更有效益，而不會導致「書到用時全忘掉」的心酸情況。而且搭配知識品質複利的運作，我們需要學的就越少，而且學的越好、越快！

　　為人生的投資永遠值得，更何況是還有複利效應的投資？

人物故事

陳顯立

台灣電商股份有限公司董事長

許多人的人生目標是早日賺到財富自由的金錢，早早退休遊山玩水，讓人生過得快意逍遙。若有人在 30 歲就透過創業賺到數千萬元的財富，他會選擇再次進入企業任職，只為了挑戰人生嗎？這個超乎常人的選擇，就是電通集團凱絡媒體商務長陳顯立的故事。

創造遊戲規則

在台北長大的陳顯立，從小就希望可以讓獨立帶大他的媽媽開心一點。努力讀書的他，發現老師出題都有一定的路數，破解以後只要唸那 20% 會考的範圍即可。這個思維一直影響到他日後觀察社會現象創業的歷程。

陳顯立相信，機會不只是留給準備好的人，而是能觀察環境找到遊戲規則，甚至創造屬於自己遊戲規則的人。大一時為了經濟獨立，他開始當家教，然而家教的收入有

一個天花板，他就轉入鐘點費更高的補習班擔任老師。

半年後他又發現，當補習班老師本質上也是用時間換金錢，學生收多收少，都是領同樣的時薪。於是大二上學期他號召幾位不同領域的政大同學，自己開了補習班招收學生。他的一貫思維是「不斷思考源頭跟本質的結構，讓投入產出比最大化」，就這樣，這家補習班讓他賺到人生的第一桶金，一年半後頂讓了出去。

大學三年級，陳顯立又找到了通訊產業的業務工作，專門做 BB call 業務。他不想要跟其他的業務一樣把產品一個一個賣，只在那個賣出的瞬間獲利。他自己提案爭取一個專案，在校園間發送折扣兌換券，只要有人憑著這個折扣購買，他就能抽成。抽成的模式也不同於一般在購買後直接抽，他跟電信公司約定，一年第六跟第「十三」個月（即隔年第一個月）時，要抽兩次月租費。這個提案獲得同意後，陳顯立找了工讀生到各大專院校發兌換卷，成交後每次抽兩、三百的月租費，創造出了集體行銷的被動收入，也讓他找到組織化的獲益模式。後來，還在念大學的他又當了信用卡業務，透過跟社團幹部的合作，將申辦信用卡的抽成獲益分給社團作為經費贊助，半年做出 5 千多張學生信用卡的業績。

陳顯立光是在大學時代就透過借力使力的創新商業模式，為自己賺了 3、4 百萬。除了賺錢，他也常在漫畫店看漫畫，這過程對他日後生涯有很大幫助。「在漫畫中你可以體驗各種人的人生，了解社會不同階層的觀點，讓我更能換位跟多元思考。」

30 歲累積 3 千萬

政大公行系畢業後，以倒數第三名成績離開學校，也曾對未來出路感到徬徨。同學大多數都當了公務員，自己原本想繼續走擅長的業務，但是當時學姊建議，應該嘗試看看組織內的行銷企劃，更能發揮他的創意。於是很喜歡文化出版業的陳顯立進入了剛成立電商平台的誠品書店，但幾個月後卻看見了出版業未來成長的空間較小，因而踏上創業之路，開始經營女性商品的電商。

2001 年，20 多歲的陳顯立和朋友創辦了一家女性專屬的電商品牌，從化妝品到衣服鞋子飾品應有盡有。雖然生意不錯，但他思考以後認知到網路的本質：相較於銷售，更多的應該是溝通。溝通到底要怎樣能讓價值最大化，也成為他思考的課題。有次無聊在網路上聊天，發現當時許

多人在聊天室結束後會交換電話聯繫，讓他看到可能。

所以他又協助創辦了第二家公司酷透網，讓有網路或商務需求的人，可以避免公開自己的電話，透過第三方的系統轉接，達到維護個人資訊安全的目的。這個服務深受當時網路交友、租屋市場跟一些商業需求的青睞。2006年，這家公司獲得45萬會員，營收達6,000多萬，淨利3、4千萬。

隨著 Skype 等新興通訊軟體的出現，陳顯立發現市場可能會萎縮，因而果斷的出售公司，獲利了結。那時他才30歲，已經累積了3,000萬的財富。照理來說，他可以享受財富自由的人生，但他卻認為自己做過幾千萬的生意，應該試規模更大的生意。而都在小公司當領導人的他，也想到大企業歷練歷練。

挑戰大企業

他先後進入特力屋、燦坤，負責公司數位發展的部門。在這過程中，他親身推動了大組織企業轉型，也了解到不同於小公司決策快速，大集團更需要在人事跟財務上下功夫，才有可能讓大象轉身走向數位化發展與成長。

在特力屋，陳顯立管理的範圍達到近 10 億元營收，燦坤更是有 200 億。當規模越大，思考的層面也要越多，搭上當時實體產業想要跟上數位線上浪潮的趨勢，陳顯立在浪頭上獲得了不錯的表現跟成績。這讓他深深有感「選擇比努力重要」，在對的趨勢上，就有機會創造高峰。

2015 年，陳顯立獲得鴻海集團青睞，進入其旗下公司富奇想，用設計思維建構 IoT 廠的新商業可能。之後他又出任鴻海集團富盈數據的首任董事長兼總經理，跟部落客合作，透過數據分析的方式，讓機器學習能協助部落客抓取內容優化，進而創造更高的效益，協助增加部落客的收入。這樣的方式讓富盈數據創辦兩年內營收達到 9 位數。

專注傳承與培育

2019 年健康檢查後，陳顯立被診斷出肺腺癌一期，對於人生價值有了新的思考。他發現，他職涯的第一個 10 年在追逐財富，第二個 10 年他想要的是影響力，也就是名聲。在不同大企業任職過程中，他也透過成績證明自己。到了第三個 10 年，他更期許自己能留下傳承與培育

人才。

於是陳顯立從商場上的主攻手轉而擔任「助攻手」，轉型成為商業顧問，將經驗與商業邏輯應用到不同的生意上，協助客戶進行數位轉型與成長，同時也著述將經驗匯集，出版了《從選擇題到必考題：台灣中小企業數位轉型實戰》，將多年積累的數位轉型實戰經驗系統化，分享給更多人。

「借力使力不費力，讓舊生意有新方法」是陳顯立的商業秘訣。他舉例，有一家 Pizza 店想轉型進入 B2B 的生意，方式就是創造出新的需求：許多公司都舉辦員工慶生會，但大多購買蛋糕，此時要思考的課題就是「如何把這個既有的需求轉換成 Pizza」。

他透過「公司行號員工生日可以免費獲得一個小披薩」策略帶動需求，這個免費的禮物讓許多公司都樂意買單索取，但也不會只兌換這個免費的一個披薩（因為不夠吃），就會順帶得讓員工生日會的餐點直接都訂 Pizza 省事。這樣的巧思成功讓 Pizza 店在既有的零售之外，更連結到公司行號，創造穩定的需求與客戶關係。

除了協助許多企業轉型，陳顯立也把眼光放到了人才培育。他在業界 20 多年，現一個人才是否能被放對位置、

替組織產生正面幫助，要看的不單單是這個人的經歷跟能力，更重要的是他的核心價值觀與職業性格有沒有符合企業文化。不過這個比較深層的東西很難透過書面審查跟短暫的面試過程發現，因此他也開始思考怎樣能解決這個問題。

陳顯立認為一個好的「師徒制」計畫，將能協助人才發展。許多在產業功成名就的前輩，也願意傳承自己的經驗，投入人才的培育。只要能辨別出與自己職業性格相仿的人才，就能協助許多職場夥伴媒合到適合自己的前輩，如此經驗也可以更好的傳承下去。這是奠基於相同職業性格的人，往往面對環境會有相近的反應，這也能讓 Mentor 的經驗對於 Mentee 有更好的應用場景。

出於這樣的想法，陳顯立協助創辦了求職輔導室平台，透過國內外業界常使用的測評工具 RiTE，讓年輕人可以更了解自己。知道自己的職業性格，了解自己的專長與能力，才能更好的走出屬於自己的職涯道路。而過去這樣的主流測評工具多半用在企業內，尤其是金融與科技產業。但陳顯立認為，這樣的工具不只該被應用在組織內部的人員安排，對於求職者的自我了解也有很大價值。

未來他給自己的期許是號召更多業界前輩，一起協助

年輕人。「如果我退休或離開業界，我多年的經驗等於沒了，這些都應該傳承下去，也能幫助許多年輕人跟公司少走彎路。」

第 4 節：
知識力量的 KPOP 流程：
知識→感知→行動→力量

學習焦慮是這個時代青年常常遇到的，買了一堆書籍跟線上課程，看了一堆文章訊息，卻往往就成為自己腦海中資訊洪流中的過往雲煙。怎樣讓學習真正的產生效益，其實是許多人面對的問題。

關於這點，我們根據多年的實務經驗，總結出了一個知識力量 KPOP 流程：知識→感知→行動→力量，在這裡跟大家分享。

KNOWLEDGE：
知識要如何才能成為力量？

我們都聽過「知識就是力量」這句哲學家培根的名言。然而知識要轉化為力量，必須經過轉化。而且，單純的輸入並沒辦法直接成為實際的利益（或力量），許多人買了許多線上或實體課程，讀了許多書籍，感覺到自己的知識增加了，但是能力沒有得到相應的提升。

　　在本書作者何則文的人力資源生涯中，也常常遇到這樣的情況：某位年輕人擁有良好的學識跟成績，也熱愛學習，卻沒有辦法引導出相應的產出。有這種情況的年輕人，常會被資深前輩認為「畢竟太年輕了，眼高手低」。然而只要透過適當的引導，確實是有辦法把這些蘊含在大腦的知識礦場挖掘出來，打磨成具有價值的寶石。

　　首先我們要認知到，沒有「應用」的情況下，任何的知識都是空談。唯有可以化為實際產出的知識，才有價值。而透過應用所產生的價值，才能不斷產生複利效應，持續成長下去，最終對我們的生涯產生正向的助益。

　　所以我們既然有了學習，一定要開始思考「如何跟自己的生活與工作產生連結」這件事。最簡單的方式就是在得到新的訊息後，進行咀嚼反芻，這個過程我們可以理解為「覺察跟洞察」，而且覺察與洞察都必須與「過去」及「未來」產生關聯。

PERCEPTION：
如何覺察與洞察

　　很巧的是，覺察與洞察都可以用英文 Perception 來表

達。覺察就是思考眼前所接收到的訊息與我們過去的關聯。舉例而言，今天我們看了一本書教導如何「與人交談」，它援引亞里斯多德總結的「說服他人三要素」：情感、邏輯與信譽。情感就是雙方的關係，邏輯就是你立論的合理性，信譽就是你過往行為塑造的名聲。

乍聽之下，這個理論十分合邏輯，加上又是大師所說的話，所以我們看完就點頭稱是，覺得很有道理。然而只有「知道」這個層次是很表象的，我們還需要更進一步進行覺察與洞察，以便深化我們的知識點。

當我們了解「說服他人三要素」這樣的理論，同時就在腦中記憶庫展開了搜索，尋找過去在溝通跟說服這件事情上，自己的經驗或應對是否符合亞里斯多德的理論。以往的溝通或說服過程是成功還是失敗？我做對了哪些事情？做錯了哪些事情？亞里斯多德的這個理論是否為真？透過這樣的覺察過程，就可以把亞里斯多德的理論跟我們的生命歷程結合，這樣的反思能夠讓我們的認知產生進化。

與過去連結後，接下來我們要做到洞察，思考這樣的理論未來可以應用在怎樣的場景，遇到誰可以使用，在腦中操演模擬實際情況。比方說，我們學到情感、邏輯跟信

舉這三個要素，然後就可以開始思考應用情境，例如下一次與客戶提案的現場該如何運用這三要素，而這三要素又怎樣可以在下次見面之前先行布局來取得優勢。

OPERATION：
展開行動與檢討反思

接著我們要開始積極尋找可以應用的場景，以便論證「三要素」這個理論是否為真。這個階段我們可以將它理解為行動與操作。這個思維的基底是：知識在獲得證明之前，都只能視為假說，即便這樣的理論可能是源自於研究跟案例的歸因，但在應用前，都可能有不適用於自己所處情境的可能性存在。

舉個例子，許多商管書的管理場景都是設定於西方世界。然而在文化上，東西方就有本質的差異，能造就西方公司成功的管理方式，不見得直接植入國內也可以得到相似的結果。如果沒有考量實際情況，反而可能造成水土不服的問題出現。然而要如何證明商管書裡的管理方式確實有效？最好的辦法就是透過實證。還沒有實證前，對我們來說都只能說是一個「故事」。

　　實踐非常重要，這在學習的過程中也是一樣。比如說在教學上，比起一次教給學生一大堆學理的依據，不如去設定一個實際問題，要學習者直接從問題中尋找答案。許多程式編寫的教育課程多半也會以這樣的模式來進行，直接丟出一個問題，讓學習者尋找解答。這樣得到的知識，是基於實際的解決方案建構，也會更有感覺。

　　相較於基於記憶的學習，基於行動的學習多了實際操演的部分，更能深化記憶。所以當我們學習到一個新的知識時，就必須同時思考如何建構一個可以應用的場景，這點非常重要。有一個簡單的應用場景，就是「教學」。透過教學，你在把自己的知識傳遞出去之前，必須要經過自我內化的重整與形塑，在重整與形塑的過程中又會深刻的把知識固化在腦中。

POWER：
知識力量的影響力

　　從上面的討論可以知道，從知識 Knowledge 到力量 Power，中間還有兩個過程，也就是 Perception 覺察、洞察跟 Operation 行動、操作，也就是從原先的單純輸入，

轉換為輸出的過程。最終在輸出的當中，知識也產生實際
影響，帶來了改變。這過程就是知識的流程。

　　舉個例子，我今天在課程中學習到了如何看財務報
表，我下一步就要開始反思這樣的新知識如何套用在我過
去的經驗，有沒有心得收穫，我能不能從中看到過去行為
的盲點，然後更進一步思考怎樣用這樣的概念讓自己的人
生更好。透過這樣的覺察與洞察過程，思考出行動方案，
然後實際操作。

　　唯有如此，這個知識才能真正對我們人生產生影響，
而這個影響也就是轉化為力量的開始，我們擁有這個知識
點後，它就可以成為我們賦能他人的力量，也就是影響

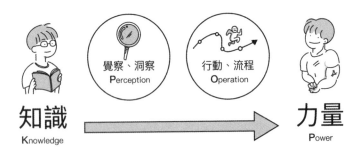

知識力量的KPOP流程

力。再回到財務報表的例子，當你透過財務報表的思維改善自己的財務跟生活後，你以你個人的實證經驗及故事，透過文章或講述的方式影響其他人，這樣「財務報表」這個知識就從此轉化為你的力量了。

　　當知識獲得了固化，且讓我們成長，這些知識資產就能透過複利效應不斷疊加成長，成為更豐碩的個人資本。接下來的篇章我們將會具體的解說，如何讓這些知識複利成長，而知識複利又為什麼十分重要。

專家點評

陶韻智

知名新創導師、德豐管顧公司合夥人、富智康獨董、LINE 台灣區前總經理

知識複利的關鍵

複利公式，是我一直以來崇尚的原則，也是我平常演講中常分享的重要觀念，我自己從中受益良多，也深感很多人因為做不到而可惜了。本書提供知識複利深入簡出的實踐方法，能幫助讀者在實踐知識複利上有明確的參照。

如果將人生比做企業，我們人生的第一曲線，是透過學校與家庭完成，但人生的第二、第三、甚至第四曲線，則需要時間的累積，通常是發生在創業、工作、興趣研究等學校外的時間中。

知識複利的關鍵，就在於練習的次數夠多、修正的意識夠強。在複利公式的觀念裡，「Ａ×（１＋Ｂ）＾Ｃ」（Ａ 現有能力；Ｂ 修正程度；Ｃ 練習次數），每一次嘗試的成功或失敗，都會成為能力成長的土壤，所以只要我們練習次數（Ｃ）夠多、修正程度（Ｂ）夠強，沒有任何事情

是學不會的。

　　像是我的興趣：煮菜、攀岩、投資理財，大部分是一開始不會，但憑藉著想把它們做到專家級的熱情，所以我會透過練習更多次的動作、更有意識的面對失敗與學習，去彌補自己的不足，一步步讓自己能在這些領域更加精進。

從物理系到電商與數位領域領導人

　　除了上述興趣的例子，我從過去唸書到成為總經理、獨立董事也都是如此。

　　很多人會好奇我如何從物理系、環工所畢業，卻能進入電子商務與數位領域，還擔任過 Line、悠遊卡公司、鴻海富智康等不同集團公司的總經理與獨立董事。

　　表面上我看起來是物理系、環工所畢業的學生，與數位領域相去甚遠，但事實上我在學生時期，就已經對網路充滿了憧憬，甚至還擔任過高中的電腦研習社的創社社長。

　　在一開始我不懂電腦、更不懂社團，於是我請教老師：「如果想學習用電腦該怎麼辦？」

　　老師建議：「辦社團」，於是我開始號召朋友一起建社團、研究電腦，到大學我繼續借用室友的電腦研究，再到研究所我已經架設不少網站；在這段學習數位的過程中，我透過多次的嘗試與練習，積累了不亞於相關科系學生的經驗與能力。

　　在當兵期間，我也繼研讀超過 100 本關於網路、.com、管理領域的書，直到當完兵順利進入網路數位領域的相關公司，已經是多年積累下的水到渠成。

實踐知識複利的初衷：打造超越名片的影響力

　　我開始有意識的實踐知識複利，是在 Line 第一次來台設點以及因為金融海嘯關閉時，讓我體悟到「公司一關閉，我的名片價值就爆損！」公司再大也難免因應大環境而關閉，所以我深感要積累能力與名譽在自己身上，而不只是依靠公司名片。

　　於是我開始投入部落格。在當年，部落格等於是首次把媒體權利釋放到個人手上的契機，我們不需要靠 Gate Keeper（守門人，也就是報章、媒體的篩選），自己就可以建立自己的影響力，在這樣背景下，我想做有影響力的

媒體。於是我尋覓一群志同道合的夥伴朋友投入，透過分享有價值的內容、獲取了網路事業的影響力（也就是日後的 INSIDE）。

在這一段經驗中，我原先只是希望自己能夠積累名譽與影響力，在環境的異動中順利存活，但後來發現，隨著寫文章頻次的提升，我也提升了思考的深度，光是在 INSIDE 半年，我就強迫自己寫了 100 篇文章，這多出的 100 次的思考機會，更加提升我的思考深度。

我也因此發現能提升知識品質的公式：寫東西給人看可以增加自己的思考深度，進而能增加解決問題的能力，再進而產生對社會與公司的價值，而這都是學校沒教我們的。

後來因為時常分享文章，我開始受邀進行演講分享（目前已經超過一千場）與顧問指導，這更近一步幫助我從原本寫文章的一點懂，到為了要分享、指導，投入更深入的研究，讓自己變得更懂，甚至在演講與指導的過程中，還提升了自己的表達力，這些都是知識複利下額外的好處。

實踐知識複利秘方：純粹的熱情與不滿足的精進

以上分享了我開始實踐知識複利的初衷，接著我想進一步分享實踐知識複利的經驗，供實作參考。

首先，我們得把練習的題目當作興趣，而不是功利性的目標。我大多是以「既然想搞懂，就要研究到精通」的興趣式心態出發，過程中要保有持續前進、不著急的穩定心態，讓自己透過多次的練習來穩定進步。

但要能保持住穩定心態，就得意識到：如果我們做到了，現有的成果都不值得驕傲（因為都不夠厲害，而且是在預期之中，如果是意料之外的成果，那不過是運氣好）；如果失敗了，要讓自己不在意（因為透過練習與修正，一定可以解決）。

當我們長期刻意練習這樣的意識與心態，自然會養成習慣：「只要有喜歡的目標，就會開始多次練習（不是三、五次，而是百、千次），同時自己也不會因為有成果而驕傲。」這也會幫助我們更知道別人厲害在哪裡，讓自己每次遇到新的機會，都會保持第一時間看細節的習慣，真正做到跟「跟時間當朋友」。

在這樣的心態下，儘管我自認在某些領域已經有一定

能力，但我仍會持續刻意的進修、研究，讓自己的能力變得更好。

知識複利的挑戰：社會觀念與複利觀念不同

在我多年實踐知識複利的經驗中，我發現知識複利的做法，跟學校或社會的價值觀很不一樣。

社會普遍的觀念是「今天跟明天」：今天的機會、風險在明天也是一樣。但複利的觀念是「後天與大後天的未來」：今天、明天差不多的事，在未來可能會有巨大的變化。

這讓你在過程中可能會面臨的挑戰是「大家普遍的想法跟你不一樣，你會很容易被指教、遇到各種阻力」，使你在實踐的途中受挫，甚至想放棄。

但要解決這個挑戰，方法並不困難，只要「在初期就要思考問題的本質，來繞過這些挑戰」。比方說，你有個題目想找朋友來一起嘗試，但朋友不感興趣或中途放棄，可能會讓你很挫折，但如果你意識到問題的本質是找錯人，你就會找同樣願意「複利成長、跟時間當朋友、相信明天由自己創造而非被決定」的夥伴一起來參與，這樣中

途放棄的挑戰，就能被有效解決。

　　而在實踐知識複利上真正困難的問題在於，當我們還沒有真正學會、沒有積累出高品質的能力，就急著想要展現價值。

　　例如，幾年前我想開始從事顧問，因為我有經驗與相關背景，我想人們應該很願意付費買我的知識（同時我設定的條件：高費用、不交付文件、不保證成果、沒有一定形式與型態）。

　　但這些預想並沒有在第一天就發生，事實上，我從事顧問的前兩年都沒有客戶（當然這也是在預期中，我沒期待做顧問的第一天大家就會馬上來，肯定是需要不斷嘗試與實驗）。

　　不過這個狀況讓我開始思考：「為什麼我很懂、而客戶很需要，但卻沒有跟我買？」

　　於是我嘗試了 50 個大小不一的顧問客戶，其中不斷觀察自己沒提供價值的原因，然後我發現，原來我要把自己知識的價值，打磨成可以變現的價值，中間還差了蠻多先前沒學過的步驟！

　　比方說：我需要在短時間內，透過提問與適當分析的教練技巧，推導出明天就能產出的行動，讓顧問客戶在

一、兩個月就可以實踐這件事；而過去我自己是總經理帶兵打仗，並不需要這些技能。

　　一旦我意識到自己需要這種技能，我開始進行了更多相關研究，也寫了更多的案例，一步步讓自己成為更專業的導師、顧問、教練角色。漸漸的在兩年後開始有客戶付錢請我提供指導，我也更有信心可以給予別人當初我想要傳遞的價值，直到現在我依然還在學習教練相關的技能。

　　也因為這些一開始受挫、後來隨著練習而成功的經驗，讓我相信自己永遠都能使用複利公式這個絕對靠譜的方法，持續創造第二曲線（當然也要注意，我們永遠都能創造成功的第二曲線，但由於我們不確定成功的時間點，更需要耐心的投入時間）。

　　這些成功的過程，不是靠傻勁的苦力，而是邊做、邊學、邊問、邊思考，讓自己沒有壓力，可以隨時調整自己的心情，抱著樂趣與熱情。煮菜、攀岩等事情都是我花了五年以上的時間積累，然後在某天突然開竅（往往事情我最後不做了，是因為它沒意思，而非我無法成功）。

　　當我越來越相信持續做就贏了的心態，我就樂於當時間的朋友，也更能享受次數帶來的複利堆疊效果。這些成果，會讓初次的收割很有意義，持續的收割更讓人感覺到

人生的舒爽。

知識複利的變與不變

「知識就是力量」，這個觀念已經存在將近五百年。一個超過一百年的東西，我們往往就不覺得是新東西，如同桌子，會有新的形式，但它的本質不變。知識複利不變的部分比較多，它的重要性不變，始終會起到社會引導、帶來創新變化的作用。

但「知識複利」的型態會變，現在最好的型態是透過數位媒介，比方將你的知識寫成部落格文章、錄成 Youtube 影片、線上課、直播課，這些媒介型態的影響範圍更大、用戶體驗也更好。

「知識複利」對個人而言也是一樣重要且不變，但變的是「取得知識複利的方法」。現在知識的取得成本下降，有更多巨人的肩膀可以借用，讓我們比前一代縮短更多時間，能達到的複利成果也會更大。

比起以往，人們意識到「要成為頂尖人士、獲得影響力」所需要經歷的挑戰，也會變得更巨大；因為明天的低點，會比今天的高點來得更高，我們得更善用知識複利，

而不僅是有了一些知識，就能長久利用這些知識的價值來變現。

但我相信，雖然會有意見領袖的集中處，但權力更有機會釋放出來，這是個充滿機會的年代，因為傳統的意見守門人不見了！現在機會更平均，像是人在偏鄉，也有機會造就一個偉大的知識分享家。

所以知識的價值依然很重要，而高度也會更高。想要取得較為卓越的地位，或靠知識吃飯，可能是更簡單或更困難，關鍵就在於「Ａ×（１＋Ｂ）＾Ｃ」中的「Ｃ（練習次數）」條件要求與容易度都提高了，我們得想辦法練習更多次、得更頻繁的反思：面對這次的成果，我思考了嗎？我檢討了嗎？

利用知識複利
建構個人品牌的基礎

第 1 節：
關鍵字自我定位——WINDOWS 法則

　　知識複利的精神在於透過自己的知識，對自我與他人產生效益，創造出影響力，進而達到利他賦能的境界。所以界定自己的方向也很重要，成為「一個領域的專家」是知識複利的重要基底。許多人在經營專家型個人品牌時就

Worth
價值

第一層	Integration 整合	Navigation 領航
第二層	Digitality 數位	Originality 創意
第三層	Win–win 共贏	Sagacity 洞察

圖說：WINDOWS 法則的七點思考

是貪多嚼不爛，太過模糊的定位反而讓識別性降低。但到底要怎樣型塑自己的方向呢？

這裡我們可以用一個「WINDOW 法則」來做為評估自我方向的方式。在這個快速變動、不確定、複雜、模糊的時代，我們可以從 WINDOW 這七個英文字母來思考，分別是：Worth 價值力、Integration 整合力、Navigation 引航力、Digitality 數位力、Originality 原創力、Win-win 共贏力、Sagacity 洞察力。現在讓我們一一解說。

1. **價值力** Worth：

如何產生價值絕對是我們需要關注的最大重點。而產生價值的方式可以基於解決方案（就是我們所知所會），可以基於幫助自己或者別人解決問題。追尋價值的產生與創造需要放在第一位，因此在自我定位上，也要從這個利他的思維創造。這個價值的產生不只是如何讓自己變現，而是更多的如何「幫助別人」。如果只看變現，反而可能淪於表面的熱潮跟炒作，甚至受制於大環境而做出非自己熱愛的事情。所以應該將思考重點更多的放在如何對他人產生價值，留下自己的影響力。

2. **整合力** Integration

　　跨界整合也會是未來的重要趨勢，我們在型塑自己的知識體系的時候，首先要能夠整合既有的知識，除了過去同領域大師說過的各種方法理論外，更要走出同溫層，看看外面不同學科領域有怎樣的新知，透過跨界整合的方式，從點狀的認知擴張到立體的思維，找到一個新的道路與可能性。觸類旁通是創造出嶄新視野洞見的絕佳方法。跨領域的整合能力也能塑造你的利基市場。比如單純談商業策略，則你面對的是紅海市場，你排不上位。但如果加入更多關鍵字，比如研發人、專案管理，自由工作等，你的對手就自動減少。商業思維學院院長游舒帆曾說他就是透過這種方式找到屬於自己的市場，成就領先。

3. **引航力** Navigation

　　同時我們要想辦法成為領域的領航人，而不是追隨者。比起成為知識整理者與知識搬運工，成為一個理論的奠基人與創造人，更能讓知識複利影響力擴大。你會發現你在這本書裡看到許多過去沒看到的理論，就是這個原

因。我們會知到SMART原則是管理大師彼得杜拉克（Peter Drucker）說的，也會知道行銷4P理論是美國行銷學學者麥卡錫教授（Jerome McCarthy）提出。這些理論，讓他們成為載入教科書的領域大師。因此在我們定位自我時，要努力思考怎樣創造出一個屬於自己的理論。而當理論成功發揚傳播時，你也成為了某種程度的祖師爺。

4. **數位力** Digitality

而過程中我們也要活用數位力，在這個時代如何留下數位資產也會成為知識複利上的重要操作點。透過個人網站的架設，選擇正確的平台擴散發布，善用不同新舊平台的特性，為自己打造專屬的粉絲群。同時用電子報或者封閉型社團來建立私域流量，在演算法之外建立一個防火牆，避免被平台綁架。因此，了解不同數位平台的特點，建立一個完整的策略布局，穩健的發展會是一個需要深刻思考的地方。甚至未來的數位知識產品要選擇在怎樣的通路觸及顧客，也可以在定位時提前思考。舉例來說，許多體系發展完整的個人化開課平台，比如開課快手，或許就是我們建立數位資產的重要資源。

5. **原創力** Originality

雖然早先我們提到要站在巨人的肩膀，透過跨領域的整合能力積累出自己的知識體系，不過其中仍需要一個重要的關鍵，就是原創力。原創力與領航力是互為體用的。想要有領航一個領域的能量，首先就必須要有實打實的原創產出。而最好的原創方式就是透過自己真實的經驗去延伸，因為經驗是自己的，很難被別人複製。所以要身在戰場，不斷的精進自己，有更多的實際操演跟經歷，才能堆疊出更多的原創內容。在另一方面，個人品牌崩解的風險，也有一部份跟原創程度的高低、有沒有原創等因素，具有直接的關聯。想要避免可能的公關危機，例如被爆抄襲或雷同，原創也是不二法門。

6. **共贏力** Win-win

俗話說文人相輕，有時候在成為專家型 KOL 時也不免俗的會進入競爭思維。但其實跟我們同樣領域深耕的夥伴不見得是共同競爭同一塊市場而已，若換個角度思考，我們或許可以透過打群架的方式，讓一加一大於二，甚至

創造出更大的市場大餅。所以在定位時，對於我們的同領域前輩或者夥伴，都應該抱持著開放合作的可能。這個時代也是個報團合作的時代，講師與講師的結盟，共同推廣互利也是常有的事情，聯名合作更已是一種主流趨勢。所以不妨想想怎樣可以跟同領域夥伴展開合作共贏的可能吧！

7. 洞察力 Sagacity

所有知識的根源，都是在於希望可以解決未知的問題，所以能洞悉未來發展的洞察力也是關鍵。我們要試著把已知的知識梳理出脈絡，發展成理論模型，讓我們能更好的拆解眼前的問題，加以解決。洞察未來自己所處的領域將會有什麼發展，也是一個很重要的關鍵。所以我們可以試著思考，時局的發展會有怎樣的可能，最後再讓時間證明自己的思維模型與方向是否正確。這過程也能成為十分有價值的內容產出。

小結

綜上所述，我們在自我的專業型個人品牌定位時，可以用這 WINDOWS 理論去反思自我，是否有看到這樣的情勢以及自己將來的格局該如何發展。我們總歸成以下列表，可以讓你做一個複查。

表：WINDOWS 法則的思考

能力	思考問題	回答
價值力	我的定位可以怎樣為他人帶來價值？	
整合力	我的方向整合了怎樣的跨領域知識呢？	
領航力	我的專業有沒有辦法引領該領域走向？	
數位力	我有沒有在數位基礎上進行建設規劃？	
原創力	我的產出有沒有什麼原創性的新想法？	
共贏力	我是否思考到與同領域夥伴共贏可能？	
洞察力	我有觀察到此領域的未來發展嗎？	

專家點評

白慧蘭

工作生活家主理人

「成為一個領域的專家」是每一個希望能夠持續創造收入、一輩子都有錢賺的現代人，不要成為下流老人的不二法門。

你是一個領著穩定月薪的上班族，可能會想「知識複利」關我甚麼事啊，把老闆的大腿抱緊了就有錢賺，幹嘛想東想西，把自己搞得很累。

但你有聽過《反脆弱》這本書嗎？

作者說人生中充滿了不可預知且會造成重大後果的黑天鵝，若是安於現狀不願意踏出舒適圈，就會失去應對突發事件的彈性，讓工作與生活變成有如玻璃一般易碎。

職場充滿了不確定性，你很可能會遇到公司裁員、倒閉或主管就是看你不順眼。若希望在混亂的局勢中安身立命，不管選擇要創業、當自由工作者還是做一個上班族，都必須要「成為一個領域的專家」。

當一個人缺乏自己的職場價值定位

我任職的公司裡流傳著一本「死亡筆記本」，鄉民口耳相傳：年紀超過 40 歲，年資超過 10 年，額頭上就會被標一個記號，列為下一波資遣的對象。資深的同事人人自危，主動跟 HR 反應尾牙不要上台領年資獎，盡量不要引起主管的注意。

為什麼他們害怕？因為他們搞不清楚自己還能對組織產生甚麼價值。我也符合死亡筆記本的條件，但我一點也不害怕，主要有兩個原因。

第一，對內價值明確。我的工作是管理消費端的 Windows 平台與 Microsoft 365 訂閱服務，我不只做了現在應該做的生意，管理好通路經銷商與電腦品牌商的生態系，還進一步做了未來的生意，成立工作生活家社群，讓年輕人更接近 Microsoft 的服務，擴張 Windows 電腦的接觸點，主管們都能認同我是一個能解決問題且執行力超強的工作者。

第二，對外價值擴張。身為一個資深工作者，我藉由寫作與公開演說，將經驗與大眾分享，長期經營兩個關鍵字「職場談判」、與「教練式銷售」，並成為專家，獲得

出版書籍、企業內訓與擔任學院講師的機會。

一旦創造了多元收入來源，對於本業比較不會患得患失。一個有自信的工作者，更願意冒險創新，為企業創造未來的機會。

運用 Windows 法則的價值力找出你的核心價值定位

本書兩位作者提出 Windows 法則，協助有意取得職涯發展主導權的人，評估專家品牌發展的方向，其中我覺得特別值得讚賞的設計，是用價值力（Worth）貫穿整個搜尋定位的流程。

有一張文氏圖，設計給不知如何選擇職業方向的人們，一份理想的工作要考慮三個要素：你有能力做、你有熱情做、他人願意付錢讓你做；有能力又有熱情，充其量只能說那是興趣，當你的興趣對他人產生價值，才有可能產生收入，變成一份職業。

你為什麼會需要讀這本書？因為大部分人的工作，只是培養與利用「有最多人願意付錢」的能力，於是我們看到教育體系創造出一大堆痛苦的工程師、醫生還有會計師。當工作沒有考慮到熱情，那更可悲，因為這份工作對

自己沒有價值。

善用五力，發展出你有熱情的工作

書中介紹的另外五種力，就是要告訴各位讀者，你不用屈就一份食之無味棄之可惜的工作。在資訊時代，只要你願意展開行動，與他人協同合作，共好與同贏，那麼無邊無際的資源，包含知識、人脈與創意，皆可任君取用，讓你可以為自己量身打造一份夢想職業。

三年前當我成立工作生活家社群時，我還是一個養在企業深閨，只會出一張嘴的歐巴桑，經營社群讓我走出科技產業的同溫層，槓桿各領域的菁英與科技產業對接，這是「整合力」。

工作生活家倡議：「善用科技力為新世代工作者取得工作與生活的選擇權。」過程中發現工作者必須要有職場談判力，才能為自己爭取主導權，因此我出書與開課講授職場談判，這是「引航力」與「原創力」。

40+ 歲大嬸自學社群，工作生活家有粉專、社團、Youtube 頻道還有 IG，這是「數位力」。

我最暢銷的課程是價值談判，核心精神就是「雙贏是

以合作取代競爭的選擇」，因此我最能理解「共贏力」的強大。

最後，我想跟大家深入聊一聊「洞察力」，我們的職涯會比上一代人長很多倍，有可能是被經濟壓力所迫無法退休，也可能跟我一樣，拒絕無聊不想退休。

那你該如何讓職涯發展可以長尾？過了 60 歲，甚至七老八十都還能擁有創造收入的價值？科技發展得太快，我們還沒搞清楚甚麼是區塊鍊，元宇宙跟 NFT 就橫空出世了，因此我們除了保持對未來的洞察外，更重要的是要能擁有適應改變的彈性與終身學習的毅力。

章節小思考

準備好「成為一個領域的專家」了嗎？

希望你的答案是肯定的，因為所有的工作者在新冠疫情後，面對急速加劇的數位轉型浪潮，冗員將不再有存在的空間，唯有成為專家，成為傲視職場的神獸，才能一輩子都有錢賺。

第 2 節：
UAV 的用戶思維角度──產品設計

從事內容創作時，我們要用產品設計的思維去思考，自己要呈現怎樣的知識內容。接著再使用一個「最小可行產品」將作品投遞到社群與媒體平台中，讓市場來驗證我們是否正確。

建構你的無人機 UAV 戰略

這過程中，我們可以用 UAV 法則簡單的剖析。一般而言 UAV 是無人機的縮寫，但只要你能夠選對主題，設計好布局，則你的文字就會像無人機一樣，在你睡覺時為你做工，開拓江山打出天下。我們採用的 UAV 策略，分別代表以下三件事：

1. 理解受眾 Understand your audience.

我們的內容創作就好像一個產品一樣，在每個產品研發過程中，一定要先釐清顧客為誰，他們有怎樣的樣貌，包含年齡、社會階層、興趣領域等等。比如說同樣寫職場，

給社會新鮮人看的職場可能就跟四、五十歲較資深的有很大不同。因為在不同階段會有不同視野，新鮮人可能更多在乎找工作的履歷面試問題，而資深夥伴可能在乎團隊帶領與管理問題。理解我們想要面對的受眾有怎樣的經驗跟立場，會是我們在定位內容創作方向的一大重點。

2. 分析痛點 Analyze pain-points.

釐清對象後，我們接著要能夠換位思考，了解他們遇到的問題，從她的角度去體驗整個歷程，在怎樣的情況下他會搜什麼關鍵字，他會需要怎樣的內容跟知識幫助他解決他當前的問題等等。通常這個部分就是「我們的曾經」可以協助的地方，因為我們或許走過類似的道路，這樣的經驗積累就能對於這樣的夥伴有參考價值與意義。我們所知所會的東西也就能進一步產生可能的解決方案。

3. 價值塑造 Value proposition

而透過知識的數位資產，也就是平台上的內容創作來協助受眾，就是價值創造的途徑。當他們因為我們的文章、音頻或者其他形式的內容獲得收穫，就能成就一個良善的循環。但很重要的是，我們同時要思考，同領域的

大神這麼多，為什麼對方要花時間看我的？我的優勢是什
麼？我的差異化又在哪裡？

以六何思考法來定義細節

過程中，我們可以運用「六何思考法」去分析，如同
下表：

面向	U 理解受眾： 他們是怎樣的人？	A 分析痛點： 他們遇到什麼問題？	V 價值主張： 我們可以怎麼幫忙？
何人	他們是誰？	涉及到誰？	同領域專家有誰？
何事	他們在乎什麼事情？	遇到什麼問題？	我們有什麼優勢？
何故	為什麼他們是我們受眾？	為什麼這問題重要？	為什麼要選我們？
何地	他們都在哪出沒？	問題發生在哪裡？	哪些地方我們能解決？
何時	他們的生活時程？	什麼時候會發生？	解決方案的時間？
如何	我們可以怎麼接觸到他們？	這難題可以怎樣變成機會？	可以怎樣創造出更多機會與價值？

從這樣的思維方向我們可以進一步的找出我們可以寫
作的題目。舉例而言，當我們從自己的幾個可能題目出

發，可以有以下的開展分析：

	求職青年	自由工作者	大學生
U 了解受眾	22-26 歲的職場新鮮人	20 代 -30 代	18-22 歲大學生
A 分析痛點	對於求職轉職有實際需求	想經營個人品牌變現	對於職涯發展有迷茫
V 價值主張	提供履歷撰寫與面試技巧	分享個人品牌經營經驗	分享產業趨勢與跨領域就職

　　在這當中我們就可以找到自己可能的寫作方向，聚焦自己最有優勢的受眾跟領域，再進一步展開可能的題目。假設我們選擇求職這塊，就可以再分出幾個層面。

自我行銷	履歷撰寫	面試技巧
1. 如何與獵頭建立連結 2. 如何接觸內部推薦職位 3. 怎樣主動自我推薦 4. 怎樣接觸海外職缺	1.104 履歷撰寫方式 2.Linkedin 撰寫技巧 3.CakeResume 撰寫技巧 4.Cover Letter 撰寫技巧	1. 如何做好自我介紹 2. 面試官可能問題解析 3. 如何問對問題加分 4. 面試儀態與穿搭術

　　如此展開就有 12 個題目，接著鎖定幾個跟這主題相關的高頻關鍵詞組做搜尋，做文獻回顧。然後分析這個領

域主題的趨勢後，就可以開始寫系列文章。

擬定好寫作計畫與策略

　　相較於想到什麼就寫什麼，以上的規劃模式更有系統跟邏輯性，也更能塑造自己在這個領域的專業度。只要找到該領域的六大主題，每個主題寫下 5 個相關的小題目，最終我們可以得到 30 篇文章，假設每篇文章 2,000 字，每周寫一篇，大約半年就可以有 6 萬字了。

　　而只要深耕這個領域長久，在正確平台上經營，如 Medium 或者其他媒體平台、個人網站等，大約四到六個月，就能在 SEO 上有所體現。又或者，你可以選擇一些比較少人使用的詞彙，然後佔據下來，讓 GOOGLE 搜尋的頁面，你會成為第一個。讓你跟這個關鍵字產生連結，甚至直接帶出你的名字是聯想詞。

　　例如暢銷作家歐陽立中開設了「爆文寫作課程」，撰寫數十篇有關這領域的文章，多年的經營下，目前在 Google 已經成為霸佔爆文相關關鍵字的王者。本書作者高永祺也成功讓自己的文章在「跨領域轉職」這組關鍵字成為搜尋第一。何則文則是在搜尋「個人品牌」時，名字

會直接成為 GOOGLE 推薦的聯想詞。

　　所以選對戰場非常重要，甚至要自己開創戰場，目標是「霸佔關鍵字」。當你的文章有 20 到 30 篇，都緊扣同一個主題跟關鍵詞，那在網路上不斷積累，不只有機會獲得媒體轉載或者專欄邀約，更可以讓原本受眾以外的一般大眾，以專家的形式認識你。

超前部屬的重要性

　　而這些在一開始就要做好超前部屬，先思考自己希望與哪些關鍵字連結，然後透過 UAV 的分析方法，找到屬於自己的優勢領域，以及拓展出可能的寫作計畫。接著就是照表操課，給自己一個固定的時間是最好的方法，例如可以規定自己每隔周幾要產出一篇文章。

　　由於題目早就訂好的關係，等於日常中你就關注自己要撰寫題目的情況，時時就都在收集素材，而不會是等到電腦前才開始苦思要寫什麼東西。

　　了解受眾，分析優劣與可能性，定位好自己，找出自己的產品設計方向以後，接著我們就要談談如何透過有效的模組框架來撰寫專業型的知識文章。

專家點評
李柏鋒
INSIDE 主編、台灣 ETF 投資學院創辦人

　　知識變現的過程中，最容易卡關的地方就是把自己的身份從「創作者」轉變為「創業者」。

　　創作者在乎的應該只有自己，如果沒有清楚了解自己，好好展現出個人特質，分享自己想要與世界對話的內容，將不具備被市場認知的「獨特性」。你會發現，傑出的創作者未必文筆很好、口條優秀、長相絕佳，但一定與眾不同。

　　創業者在乎的只有用戶，如果沒有把用戶放在首位，提出能讓用戶變得更好的解決方案，就不具備「商業價值」。

　　我認為 UAV 是一個幫助創作者轉變為創業者的理想架構。你可能有一堂很想教的課程，例如你認為了解財報是投資股票最重要的基本能力，但是你有沒有好好理解受眾呢？其實你的潛在學員並沒有想當一個「證券分析師」或是專業的「股票交易員」，他們可能只是想知道現在市

場上熱門的投資標的到底適不適合自己。那麼你可以做的事情就是在「補學分」和「報明牌」之間找到一個平衡點，例如你透過 Apple、Tesla 等個股分析來教學員怎麼分析公司的財報，這麼一來你就從「只想到自己」開始往「更理解受眾」邁出了一大步。

接著，你應該要好好分析痛點。我舉我自己的線上課程《職場寫作課：從個人品牌到自媒體》為例，一般的寫作課會教你各式各樣的寫作技巧，但我這堂寫作課則是深度研究打造個人品牌過程中可能會面臨的種種問題，然後定義出最重要的十篇關鍵文章，所以知識點、技巧與方法這些教學設計所在乎的內容反而都成為次要，整個課程的設計完全都以協助學員寫出這十篇文章為核心，從寫出讓機會源源不絕找上門的自我介紹文到讓活動爆滿的宣傳文。唯有深入分析痛點，你的產品與服務才能「以終為始」去設計，從一開始就已經能幫助用戶變得更好。

最後，當然就是要創造價值了。前面兩個步驟都是希望創作者往用戶走而成為創業者，但是在創造價值這一步，其實是要創業者回過頭來認清自己的獨特性——包含你的商業策略與市場區隔。例如，你是市場上唯一把「行銷」與「遊戲化」結合在一起的講師，這是加法策略。又

例如，你是市場上唯一只教投資大盤型 ETF 的講師，熱門的電動車、高股息等主題型 ETF 你都視為毒蛇猛獸，這是減法策略。

當你清楚定義了你的市場，你就能吸引相同理念的用戶，在這個獨特的市場進行壟斷，所有成功的商業都是找到自己能壟斷的市場。

你在閱讀上面這些內容的時候，其實我也等於在對你解說「商業思維」，因為我看過太多跨不出「創作思維」而難以進行知識變現的朋友，所以更希望幫助你們這些有理想、有觀點、有能力的知識工作者，可以開始懂市場、懂商業、懂變現。如果你覺得我能幫助你，也歡迎找我聊聊。當然，在商言商，你必須用一頓飯來買我的建議，請選一家你認為最美味的台北餐廳，然後訂好位吧！

第 3 節：
知識寫作的分類

一般來說，知識型的寫作除了很單純的分享知識點，例如教學文，也可以從深度跟廣度兩者延伸出許多不同的切入點。我們可以很粗略的劃分為 5 種方向，分別是：脈絡型、分析型、翻案型、經驗型以及熱點型。

知識型文章的寫作切入
五種方式思考

脈絡型	分析型	翻案型	經驗型	熱點型
分析事情的脈絡與歷史緣由，從時間軸面談論事務	就事情各方的意見中分析評論，綜合多方意見	提出與大眾既有理解不同的新想法與論證方式	根據自身經驗分享事情的看法，聚焦於主觀體驗	對現在當紅的事務進行討論，蹭熱點溫度

脈絡型

　　脈絡型就是談一個現象或者事物的「為什麼」？這個現象可能大家都知道，卻沒有人去細細的思考它的來龍去脈。從這個角度去想，其實生活周遭很多事物都可以成為寫作題材。只要用孩子「十萬個為什麼」的心態去看世界，就能發現很多可能。

　　舉例來說，如果你是一個保險業務，比起寫單純的教學文，介紹保險概念或方案外，或許也可以試著談談台灣近二十年來的保險趨勢，跟大家分享許多保險種類是如何誕生，過去主流的產品跟今天有怎樣的不同，這樣子的話整個趣味性跟可看性就會提升。這就是用時間軸的深度去思考議題，讀者也會認為比起其他單純講「現狀」的同領域寫作者，你知道的似乎更多。

　　這個脈絡型的寫作，可以思考的問題就是「為什麼某某東西，會成為今天的模樣？」這樣就可以套到各種專業上。而人們都是喜歡聽故事，這背後的故事就能帶出更深刻的知識記憶點。舉個例子，假設單純講牛頓三大定律，那就只是一堆公式，但如果代到歷史層面，談到牛頓生平，以及三大定律前後怎樣影響世界的科學發展，那就會

讓這篇文章變得更鮮活。

分析型

　　而如果我們的訊息量不夠支撐起一個可以瞻前顧後的脈絡型知識文章，或許可以用分析的方式，寫一篇分析型的文章。分析，顧名思義就是針對事物進行拆解，同時解說其他人對此事物的意見，目前發展的情況進展等等。

　　假設你是一個收納整理師，就可以用分析型的方式來探討人們堆積物品的原因可能有幾種，並解說其他不同領域的人對這個議題有什麼看法。比如可能有精神科醫師認為囤物症其實是一種精神疾病，可能有社會學家認為是當代緊繃的生活節奏造成越來越多人忽視清掃，而國內外的收納專家又有什麼不同見解等等。最後，再帶到自己作為專家怎樣提供斷捨離的心法。

　　這樣的寫作方式提供一個事物不同的思考面向，讓議題的思維廣度增加。同樣的，相比普通的知識點堆疊的教學文，加入這樣的元素可以讓我們的文章更有可看性，也讓人有更深入的思維。

翻案型

要抓住人們眼球，最好的辦法就是「出乎意料」，也就是顛覆認知。我們人類在科學進展中，每次的進步都是顛覆了既有的認知。例如，我們華人傳統都認為喝熱水對身體比較好，如果這時候有篇文章標題寫「想減肥？喝冰水才能加速脂肪消耗」那一定會引起大家的興趣，因為跟既有的認知相牴觸，就會想一探究竟。

大家日常生活中一定有很多既有的框架跟迷思，這些迷思可能就是要破除的。比如過去許多人信以為真的什麼酸鹼體質跟負離子概念，後來證實是錯誤的偽科學。那假設我們知道正確的觀點，導正視聽也是「知之者」的重要義務。

舉例來說說，你是一個園藝師，或許你就可以寫一篇「在家種植物並不會降低室內二氧化碳含量」這種翻案文章，根據科學數據來破除過去大家既有的錯誤認知。但翻案型文章也存在著風險，亦即跟大家的認知不同，你在考據上必須更加嚴謹，因為讀者很可能會試著捍衛原有認知而進行反駁。但只要有比較嚴謹的考證，其實越多人討論會使文章的關注度更高。再說真金不怕火煉，引發討論後

或許會有其他同領域專家聲援。

經驗型

分享自己的經驗也是知識型內容創作很常見的，畢竟經驗可說是人類累積知識的最初方法。這種方式比較穩健，因為經驗是你的，外人要評斷是非也比較困難。唯一要注意的就是在敘事上要避免嫁接跟誇大。

許多人在非虛構寫作中，如果故事的主角是一個與自己直接接觸的他人，為了保護當事人，可能會將人物識別予以模糊化，這無可厚非，但切記不要過度的修飾與與嫁接，反而造成偏離事實。也有許多人為了避免這種情況，故事本身沒有異動，而是加上「強者我朋友說過他朋友怎樣」這種修飾等等。

最保險的方式就是專注講述你個人的經驗，大多數人在談職場或生涯規劃的時候都採用這個方式。然而寫自己故事也可能有個誤區，那就是要注意與時代的落差。比如我們面對年輕人，談的卻是自己 20 年或 30 年前的職場經歷，那可能就沒人買單了。所以在經驗上，要能歸納出一個不會因為時間而改變的普世性通則，才有參考價值。

熱點型

最後一個要談的，也是吸引流量最快的方法，就是蹭上時事熱點。最近大家都在關注什麼事情，也來發表一下自己的看法。這種唯一要注意的是，除非你本身投入公眾事務領域，不然盡量避免談論政治；若談起政治，就要知道你可能會失去原本一半的粉絲。但如果本來色彩就很鮮明，那其實也不用特別擔心。

熱點型的話也要注意，有時候操作不好，會被人貼上一個蹭熱度的標籤，所以還是要跟自己專業領域有關比較好。比如說如果你本身是設計專業，最近有一個關於美學議題的討論話題，那就是你可以發揮的領域。假設八竿子打不著關係，比如你是大學的升學輔導專家，結果卻談論當前國際政經的新冷戰局勢，反而對自己領域聲量的累積沒有幫助，更可能不小心踩到地雷。

簡而言之，雖然熱點事件是大家茶餘飯後都會討論的談資，但作為專家型的個人品牌經營，其實公私還是要分開，如果與你的專業無涉，你也不懂該領域，那還是避免多說多錯。

混搭風跟思考延伸

上述提到的每一種切入點並非壁壘分明，一個文章可以是從熱點切入，用脈絡型來陳述，最後提供翻案的思維。而這五種分類則是可以讓我們思考議題跟寫作方向時，提供一個比較好的可能性。我們可以把自己專業的題目套入這五個，思考創作題目的可能延伸，如下舉例。

主體題目	社群媒體行銷
脈絡型	FB 廣告投放的趨勢演變
分析型	歐美與台灣知識型 IG 經營風格比較
翻案型	新書分享抽書對宣傳並沒有幫助
經驗型	我如何一個月內粉絲破萬
熱點型	臉書新發布功能將怎樣影響使用者行為

從上表可以看出，其實同樣領域，五種不同的形式都可以緊扣中心領域來發展出不同的風格類型文章。

當然，無論什麼主題跟表現形式，千萬不要為了寫而寫，而是要自己真的覺得有趣，題目也真的有傳遞知識的價值。寫作的訓練就像練肌肉一樣，避免過猶不及，不一

定要每天都有產出，而是要穩定的輸出。其實每周固定寫一篇三千字文章，半年後就已經有出書的量了。

　　透過這樣的方式想到好的題目後，接下來我們就來談談，該透過怎樣的方式讓文章更有邏輯、更嚴謹。

人物故事

歐陽立中

2021 年暑假，有一位堪稱全台知名的高中國文老師辭去了教職，成為自由工作者。他就是曾獲新北市「Super 教師獎」，同時也是暢銷作家、知名講師的歐陽立中。

歐陽立中透過一篇篇的「爆文」，在網路上颳起了現象級的旋風：他的一篇臉書貼文，動輒可以引來數萬按點讚和數千分享；他出的書可以在一個月內印破萬本；他開設的實體寫作工作坊，更吸引超過 500 人報名，甚至有人特地從高雄北上學習。許多出版社、公私機構單位也紛紛邀請他專題演講、直播分享等等。到底歐陽立中是如何透過「寫作」，玩出這樣無限可能的人生呢？

邁向老師之路

出身新北永和的歐陽立中，從小就很喜歡聽故事、讀故事書。國小時就熱衷於閱讀經典名著，例如三國演義、西遊記等等。除了喜歡故事，他還是個演說常勝軍。

高中時代，他參與了在高中辯論圈頗負盛名的成功高中辯論社，打辯論的過程中建立了清晰的邏輯推演能力。這樣的經驗，豐富了他日後寫作的表達手法。而他也因為自己「能言善道」的特質和喜好，仔細思考自己的性向，又諮詢了老師的意見之後，從原本就讀的三類組轉往社會科學領域發展。

面臨大學的選擇之際，從事教職的母親鼓勵歐陽立中：當老師或許能發揮他善於演說、面向公眾的特質。歐陽立中也認同這個看法，因此進入台灣師範大學國文學系。大學畢業後，歐陽立中自謙地說「很幸運在第一年就考到正式教師」，進入新北市丹鳳高中擔任國文老師。丹鳳當時是剛轉型成完全中學的新學校，學校中大多是年輕熱血的教師，彼此感情都很融洽。

2016 年歐陽立中到台大中文所攻讀碩士，在研究所最後一年時為專心寫論文而申請留職停薪——那年，為了排解寫論文的無聊，他同時上了許多課程充實自己，也開始更廣泛地閱讀——而這年，亦成為他人生的轉捩點。

喜歡桌遊的他，當時報名了被譽為「華語世界首席故事教練」、暢銷作家許榮哲老師的桌遊工作坊，並因在課堂中積極的表現，被許榮哲所賞識。許榮哲於是邀請歐陽

立中共同撰寫了《桌遊課：原來我玩的不只是桌遊，是人生》一書。閒不下來的歐陽立中，在那年還參加了中廣演說家的擂台賽，獲得了冠軍。

寫作讓我被更多人看見

與許榮哲合寫新書時，歐陽立中因為中文系出身，習慣堆砌出華美而嚴謹的文字。許榮哲卻鼓勵他：可以把文字「放輕力度」、寫得更加平易近人一點。於是歐陽立中開始慢慢思考，抓到了公眾寫作的訣竅——大眾書寫的重點，應該放在與讀者有效溝通對話上，而非展示自己的文字技巧。

之後，歐陽立中開始把自己在課堂上的創意教學法與理念，用真摯的筆觸寫在臉書上分享。某次，一篇分享自己創意教學中談論努力與人生起點的〈漂移的起跑線〉一文刊出，竟獲得了數萬讚和上萬次分享——單靠那篇「爆文」，歐陽立中的臉書亦瞬間增加了上萬追蹤。

「網路爆紅」讓歐陽立中十分驚喜，但他著眼的並非那瞬間的名氣：許多國高中的教師傳訊息給他，表示深受感動與啟發，甚至有教師開始效仿歐陽立中的教學方法，

在在讓歐陽立中感動不已。

深受鼓勵的他於是立志每天都要「有意識的書寫」：他發現透過寫作，自己有更多機會被看見，並與其他努力的老師產生連結。這樣產生的價值跟影響，也遠遠超過以前只是在單一校園內默默努力教學。

他也開始把「教學」擴大到學園以外：除了大力推廣桌遊與益智相關的工作坊，也在臉書上分享自己寫作的心法。他也因此被生鮮時書邀請開課——結果這堂「爆文寫作課」更成為生鮮時書的招牌課程之一，班班爆滿一位難求。至今已經開設了十餘班次的寫作班，並慢慢有各式各樣的跨界邀約：從推廣閱讀的說書直播，到與教育局官員深度對談，甚至還有許多廣播、綜藝節目的邀約。

告別鐵飯碗，追求人生的另一種可能

隨著這些「外務」邀約不斷、歐陽立中的影響力與日俱增，許多業界朋友鼓勵歐陽立中，應該「走出學校、出來闖闖」，相信以他的實力必可開創一番天地。然而最初聽到這些建議時，他並沒有特別的想法，因為他始終熱愛透過分享與教學、對他人產生正面影響的工作——這點在

教職上也做得到。

直到有次他回過頭，審視自己作為一個「斜槓教師」，除了學校的課程外，還有眾多邀約跟通告，讓他不僅蠟燭兩頭燒，也難平衡工作與生活，騰出更多的時間陪陪家人——就這樣，歐陽立中做了一個大膽的決定：辭去穩定的教職，開始成為一個專門以「寫作教學」與「演說教練」為業的自由工作者。

決定前他也掙扎過：因為「自由」工作者，其實意味著立刻失去穩定的月薪收入；再加上教師工作的種種福利、「春風化雨」的社會期待，要放棄談何容易？意外的是，同樣身為教師的母親，卻十分支持歐陽立中的決定：「你心裡一直想要影響更多人，就放手去實現吧！」

「如果在學校，3 年頂多影響一百多個學生；但走出學校，反而有機會影響更多的人……」歐陽立中在臉書上記述這段時間的掙扎與最後的決定，再次獲得無數網友的討論與共鳴。

成本最低的長期投資

歐陽立中相信，其實演說跟寫作的積累，可以深刻的

改變人生——他自己就是最好的例子。曾經，他也是在書店中，仰望著排行榜上諸多暢銷作家，並認為自己遙不可及的那個人；然而，在努力分享、不斷學習跟累積下，如今歐陽立中也成為了那個過去以為「不可能」的自己。

這也讓他想要幫助更多人，走出人生新可能。歐陽立中認為，許多老師其實都比自己厲害，創意而有前瞻性的教學方法也非常多，如果大家都能透過寫作分享，就能進一步互相交流、成長，推動各科教學的創新發展——同時這些文字紀錄，還能幫助後進者站在前人的肩膀上繼續成長。

「拍一支影片可能成本上萬、但好好寫文章只要花上你的時間（跟一點電費）……」歐陽立中鼓勵年輕人不要妄自菲薄，只要願意分享，寫作將為人生帶來巨大的改變。但改變的重點不該只是「爆紅」而已，更在藉此與志同道合的人結緣、互相幫助互相成就。再來，「請不要害羞，懂得自我行銷，也要保持善良，就能走出人生的康莊大道。」

第 4 節：
知識寫作的兩個重要策略

在創作內容時，我們可以幫助讀者做到兩件事情：「省時間」跟「殺時間」。省時間的意思就是我們將原本複雜的概念簡單化，提供可以快速理解吸收的版本。而殺時間則是我們透過有趣新奇的內容，讓讀者消磨時間。

一般來說，知識型寫作會更關注怎樣「省時間」，但是這不代表它只有「省時間」這個目標，很多新知其實也能幫助我們「殺時間」，甚至可能同時達到兩者。比如有許多說書影片就是同時達到這兩者而創造流量。

ROA 理論

然而，一個好的知識型寫作的產品更需要關注的是有沒有對讀者創造價值。這裡我想借用前《天下雜誌》副總編輯洪震宇在他的書中《精準寫作》談到的 ROA 理論跟大家分享。他認為寫作要有策略，而寫作策略就是想要改變讀者想法的 ROA 思考術。

ROA 三個字母，代表三個要關注的面向，分別是讀

者是誰、寫作的目的是什麼、期待能給他們什麼行動呼
籲。這其實跟我們早先提到的ＵＡＶ法則有異曲同工之
妙，都是從對方的角度換位思考。我們將這三者關係整理
於下表中。

讀者 (Reader)	目的 (Objective)	行動 (Aciton)
設想跟定位讀者的樣貌與閱讀的情境	想要傳達什麼重點，想要改變他什麼想法	期待讀者閱讀完文章之後有什麼具體行動

　　這三點思考可讓我們清楚知道寫作的脈絡。接下來我
們試著把這個模式套用到一個文章主題：運動對於大腦成
長的好處。

Ｒ讀者	國高中的家長與老師
Ｏ目標	讓師長知道，運動能增加大腦神經元的連結，對於學習有一定成效。根據實驗，運動過後的孩子學習進展比沒運動的更有進展。
Ａ行動	使師長鼓勵孩子多運動，減少挪用體育相關課程於考試學科或者過度補習

　　這樣定錨後，寫作的目的跟溝通對象就會變的具體而
鮮明起來，比起一開始單純的想寫運動的好處，現在有了
具體客群，這篇文章的可能曝光平台也會因此而聚焦。此

時我們再搭配先前提到的脈絡、分析、翻案、經驗、熱點等形式方式混和搭配，就有機會寫出一篇令人關注的知識好文。

OEC 理論

而文章框架出來後，接下來在撰寫過程中我們可以使用另一個 OEC 法則讓文章的內部結構更具有邏輯性。OEC 就是，主張 Opinion、論證 Evidence、結論 Conclusion。

主張 Opinion	論證 Evidence	結論 Conclusion
你對這個議題有怎樣的看法，你認為事情應該是怎樣的？	你為什麼會這樣想？有其他的案例或研究依據嗎？	你對此有什麼呼籲？呼應你的主張，你希望大家做什麼？

從 OEC 這三個字母代表的主張、論證、結論等這幾個層面，我們可以得到一個完整的論述結構。這也是西方寫作的一個固定格式，大多數的西方商管或學術性書籍，每個段落都會從一個主題句（Topic Sentence）開始申明自己的論點，接著再延展出支持該論點的支撐句（Supporting Sentences）作為舉例或者解釋該主題句。最後回歸結論句

（Conclusion Sentence）前後呼應。

　　這樣的寫作風格是國外著作常見的模式，抓到這樣的精神，我們在閱讀歐美的非虛構知識型書籍也可以更快抓到它的要領，就是每一段落的第一句跟最後一句就已闡明它的意思，中間的論證其實可以快速帶過。你也可回想一下：看過的許多翻譯書，是不是全書都在講幾個道理，其他都是在談故事作為例證呢？

　　這裡我們也可以再延伸出一篇文章寫作的結構，也就是從主張、根據、結論拆解。而論證的部分我們可以再用各種不同的方式展開，如同下表。

主題
論證 論點 解釋 案例 原因 / 結果 統計數據 引用
結論

　　好，現在我們再把這些套回我們剛剛說的題目「運動對大腦有學習上的正向影響」，如下表。

主旨	運動能健全大腦發展，對於學習中孩子更不可或缺。
論證	1. 運動可以讓大腦製造新的海馬迴細胞，使神經傳導較佳，長期記憶較好。 2.2017 美國研究早上運動 30 分鐘的孩子學習成效相較對照組有明顯成效。 3. 師大洪聰敏教授表示運動的孩子同時在情緒商數 EQ 跟智力商數 IQ 都較好。 4. 有具體的研究案例指出缺乏運動可能降低大腦認知
結論	四肢發達頭腦並不會簡單，國高中成長階段，更應當鼓勵每個孩子進行適量的運動。在課程安排上，也要避免因為升學考試挪用體育相關課程，家長也要有帶著孩子運動的習慣為宜。

　　透過這樣 ROA 跟 OEC 的模型套用後，我們可以得到一個很堅固的架構，架構出來後，每個論點延伸一下，就能得到一篇字千字以上的知識型文章。如果再加上自己個人的經驗跟觀察，就更能塑造這篇文章的獨特性。

　　下次你進行知識型內容創作的寫作時，不妨用這個方式試試看，這樣模組化的思考方式可以協助我們更有效率的產出。

專家點評

歐陽立中

暢銷作家 / 爆文教練

好文章自己會走路，不需要你疲於奔命

嗨，正在讀這本書的朋友，你好！我是歐陽立中，曾經是高中教師，後來成為暢銷作家，現在是爆文教練。不知道你讀到這章節，有沒有發現一件事，那就是：「寫作，是低成本高報酬的創業！」但前提是，你必須持續的寫，等到複利爆發的那一個時機點。扛住寂寞，才能守住繁華。

所以難的不是開始寫作，而是如何持續寫下去。真正的寫作考驗，是在你把親身故事都寫完、把腦內知識都榨完後才開始。這就是為什麼你需要一套寫作策略，因為我們不能把資產全押在靈感和才華上。靈感會枯竭、才華會失蹤，但是寫作策略會幫助你挺過最難熬的時候。

本書作者何則文和高永祺都是擅於持續產出知識文章的高手，他們不藏私，把自己獨門的寫作策略告訴你，就

是用「ROA法」定位文章,再用「OEC法」來完善寫作架構。詳細步驟書裡寫得非常清楚,建議你一定要牢記在心,並且實際練習。

我想多分享一些寫作好料給你。

首先是ROA提到的R,指的是讀者,也就是設想跟定位讀者的樣貌與閱讀情境。我認為R這個步驟最重要,因為那是決定讀者是否願意讀你文章的關鍵點。那麼,你可以怎麼做呢?

第一,先寫一個讀者有共鳴的經驗故事。像我有篇爆文〈你以為的省,只是時間廉價〉。一開頭先講了我家熱水器出問題,請師傅來修,才發現前屋主為了省水,把水龍頭拴緊,結果因水量太小而點不燃熱水,為了要有熱水反而浪費更多水。我不直接講道理,從經驗故事出發,先帶讀者大腦暖暖身,他們更容易接受你後面想傳達的想法。

第二,多用「你」這個人稱。多數人寫作習慣「自我表達」,通篇都是我認為、我覺得、我發現,我我我我……。我們換個場景想想看,你去聽一場演講,講者從頭到尾只講自己有多厲害,完全不跟你互動,你聽得下去嗎?厲害的講者,一定懂得利用提問和互動,來抓住聽眾

的注意力。同樣的道理，寫作你必須跟讀者互動，最簡單的方式就是多用人稱「你」。不信，你再重頭看我這篇文章，圈出所有的「你」字，我總共用了多少個「你」呢？而你是不是也感受到，好像我真的在對你說話呢？

再來是「OEC 法」，虧兩位作者想出這個口訣，讓你寫作的論點更加「哦咿西」（好吃）喔！我非常喜歡主張、論證、結論這個架構，尤其在論證這步驟，作者還給出一連串強化論證的絕招，強烈推薦你把這張表背下來。其實，當你開始寫作，你會發現哪個步驟最難？答案是：論點！因為如果你提出的論點不夠特別，就像是老生常談；但論點如果太顛覆，可能又會引發反感。

關於提出論點，分享給你兩個我很愛練習的寫作招式。

第一個是「格言美肌法」，如果你自認想不出新論點，沒關係，這招可以幫助你讓論點看起來很有感覺。首先，根據事件先用一句最熟悉的格言做總結，比方「失敗為成功之母」好了。接著，維持格言的原意，但用「有感詞庫」重新組裝句子。（有感詞庫附於文末）所以，失敗為成功之母經過有感詞庫美肌過，可以變成「遺憾不過是為下次燦爛做準備！」你看，是不是有感覺多了？

　　我知道你想問為什麼？關鍵在於「有感詞庫」從哪來的，答案是流行歌常見用詞。像是我給你這份有感詞庫，就是知名樂團五月天歌詞裡最常出現的用詞。有了天團的加持，你的格言還能不動人有感嗎？

　　第二個是「格言顛覆法」，這種就很適合比較喜歡嚐鮮的人。首先，先找一句大家耳熟能詳的舊格言，比方「機會是留給準備好的人」。其次，試著從另個角度反駁這句格言。不要害怕做這件事，因為你要知道，格言不是真理，他只是某個看事情的角度。任何再有道理的格言，都一定有忽略的地方。好比我會說：「機會不是留給準備好的人，而是留給勇於出擊的人。」最後，你要用案例說明原因，不要讓人覺得你只是為了唱反調。所以我可能就會說知名影星安海瑟薇，當年試鏡李安的電影《斷背山》時，李安問她會不會騎馬，她說會，爭取到女主角的機會。事隔多年之後，記者跟安海瑟薇聊起這件事，她才說其實當年她不太會，但是想把機會先爭取到，再趕快去學會。所以你就可以切出另個角度說，很多時候你不知道怎樣叫做準備好了，又或者好不容易準備好，但機會卻已經消失了。你可能略懂皮毛，但沒關係，先把機會爭取到，再努力準備，透過實戰累積經驗，是另一種致勝之道。

何則文、高永祺、還有我，都是透過寫作而被看見的。記住，「好文章自己會走路，不需要你疲於奔命。」寫作讓我們更有影響力，也開創更多人生機會。所以，你要做的，就是放膽去寫吧！畢竟，寫作技巧我們可以教你，但只有寫作這件事，你必須自己啟動。

（當然，如果你對寫作技巧有興趣，我有一門線上課叫做「爆文寫作線上課」，已經有 3,000 位學員報名參加，購買之後，由你自己決定學習進度，課程影片不限時間、不限次數，看到你學會為止。歡迎加入爆文寫作的行列！）

【有感詞庫】

永遠 最後 快樂 溫柔 傷心 瘋狂 燦爛 遺憾 寂寞 大聲
世界 吻別 人生 愛情 眼淚 生命 腰間 自由 天使 時間
想要 回憶 不怕 決定 相信 期待 等待 擁抱 離開 依賴

第 5 節：
打造自媒體成為自明星、粉絲經營的 IPAD 法則

　　在專家型個人品牌的經營中，質比量更重要，公開流量不會是最主要的目標，而是在領域內建構自己的聲量。過程中與其有 10 萬個只會點讚不會反應的殭屍粉，還不如 100 個願意為你服務、付款的鐵粉，所以怎樣養成鐵粉也會是一個要關注的重點課題。

　　我個人把鐵粉養成分為四個步驟，用 IPAD 這四個英

鐵粉養成的IPAD過程

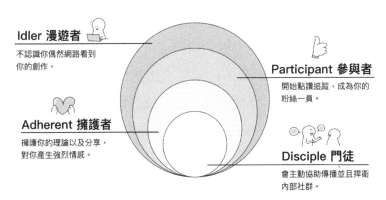

Idler 漫遊者
不認識你偶然網路看到
你的創作。

Participant 參與者
開始點讚追蹤，成為你的
粉絲一員。

Adherent 擁護者
擁護你的理論以及分享，
對你產生強烈情感。

Disciple 門徒
會主動協助傳播並且捍衛
內部社群。

文字母來代表，分別是一開始的漫遊者 Idler，進一步成為
參與者 Participant，接著認同你成為擁護者 Adherent，最
後進化成願意主動協助你的 Disciple 門徒。我們一一來解
說這四者的差別與演進。

漫遊者 Idler

簡單的說，漫遊者可以說就是個路人，他可能過去根
本沒有聽過你，偶然在網路上看到你的文章或其他形式的
創作，這個驚鴻一瞥建構起了他跟你的關係。他作為這個
鐵粉漏斗的最基底，是人數最大的一群。想辦法擴大這個
群體對未來的發展是十分有益處的。

我們可以透過平台槓桿讓漫遊者增加，也就是主動去
投遞各種的媒體平台，想辦法讓你的文字獲得轉載或更多
曝光。國內有許多論壇型的媒體都可以嘗試，假設是社會
議題類獨立評論 @ 天下可能是不錯選擇。其他像是人文
類的故事網站、科學類的 PanSci、國際職場類的換日線，
或者 Yahoo 論壇等等都是放大聲量的好方法跟所在。因
此在努力經營個人頁面的時候，不要忘記偶爾抬頭，投投
稿，讓自己的作品有更高能見度。

參與者 Participant

漫遊者看過幾次你的文章，有共鳴或者認同後，通常會尋找你的個人頁面，找來點讚會追蹤，設法獲得你更多的創作內容。這時候擁有自己的粉絲專頁就會是一個不錯的選項。但也有些人就只是專門經營自己個人頁面與粉絲互動。成為參與者之後，他開始會與你建立互動，包含點讚、留言等等。這時候增加黏著跟建立認同的方法，就是設法透過回覆訊息與之建立連結。

如果有人主動加我們臉書好友，可以禮貌詢問如何得知自己，若是因為我們的內容創作而來，更可以進一步的詢問哪一篇或者什麼部分讓他最喜歡，做一個簡單版的用戶訪談。這個過程可讓對方感到受重視，同時我們也可以了解市場真實的反應，以及我們吸引到的是怎樣的客群。

擁護者 Adherent

再進一步，當參與者與你建立更多連結，認同你的理念跟價值觀後，他就有機會成為你的擁護者。你的學說會

成為他知識體系的一部份，同時，他會願意分享你的文章
著述。這樣的情感連結甚至有可能在你遭到不同評價時，
他會願意挺身為你發言。但形成擁護者的先決條件，通常
是你已經形成一個閉環的知識體系，同時你的個人性格與
價值觀也相較起來較鮮明，如此才能使人更容易帶入情
感。

　　擁護者通常已經進入了你的私域流量內，他可能是你
的電子報訂戶、你私密社團的成員，也可以稱之為鐵粉
了。到擁護者時，通常已經願意為你的知識產品付費，而
大多數的知識型 KOL 的學員也止步於此。然而，如果要
形成更完整的生態圈，就不能只對於現狀滿足，我們要繼
續培育出屬於自己的門徒。

門徒 Disciple

　　門徒則是整個過程的最高等級，門徒就是像關門弟子
一樣，已經有很深刻的連結。他或許已經成為你課程的常
客，更可能獲得信任成為助教。門徒也可能是那些願意協
助你經營社群的夥伴，在你的活動願意主動協助、支援。
　　想將擁護者培養成門徒的話，可以透過主動洽談作為

開始。我們可以觀察出在我們課程中或社群中特別積極主動的夥伴，邀請他共進晚餐或喝杯咖啡，了解他的故事，並且主動提供自己的協助，分享你的人生願景與理念，邀請共同打拼。許多講師的事業夥伴，也都是這樣一步步從粉絲、學生再到團隊成員的。

對於追隨者的責任

當有人願意以我們為導師，相信我們所講述的理論或理念為真，這時候我們就不能以單純的生產者跟消費者去定義彼此的關係，而是要非常謹慎小心的不斷精進自己。此時我們的學說已經成為對方知識體系的一部份，如果沒有確保自己盡全力維持在最好的狀態，可能也會連帶影響到對方。

甚至有許多的公關危機就是起源於與追隨者的關係。水能載舟，亦能覆舟，所以對於深刻的鐵粉，反而要戒慎恐懼的小心經營。而最簡單的方法，就是秉持著「利他」的心情，同時要有自己的核心原則，面對成長的受眾族群，不要有傲慢的心態，莫忘初心，回想第一次分享的悸動與幫助他人的起心動念。

　　同時，自我也要不斷的迭代翻新，那些買我們課程的許多人也許只是剛好有需求的一次性消費，所以你也不要因為一次的成功而讓驕傲沖昏頭。粉絲越多，更是要如履薄冰，不斷思考自己每天有沒有更加進步，有沒有辦法透過自身成長帶給支持的夥伴更多的價值。

　　簡而言之，想要塑造出自己的鐵粉群，正直與真誠會是根本的核心價值。

專家點評

翁梓揚

PressPlay 共同創辦人

我非常喜歡本章節提及的「IPAD 法則」，這跟我們在經營個人影響力消費品牌的成長路徑相若，只是大多數我們在討論時，是以「擁護者（Adherent）或門徒（Disciple）」階段為主，比較沒有注意到「參與者（Participant）和漫遊者（Idler）」的角色，這也是對我很好的提醒與觀點。

我們自己在做影響力消費品牌時，重點是系統化地營運不同階段、圈層的用戶，讓每個圈層中的用戶，都能有機地從最外圍的「漫遊者」往內養成。反之，產品的方向則是從「擁護者（核心用戶）」往外發展，讓擁護者成為門徒，也即是 KOC（Key Opinion Consumer，關鍵意見消費者），以拉動更多的「參與者、漫遊者」進來。

影響力消費品牌案例：Selina「任性 eat 下」

以跟 Selina（任家萱）合作的影響力消費品牌「任

性 eat 下」為例，在找 Selina 合作時，她已經屬於是有相當大流量的頂流 KOL（Key Opinion Leader，關鍵意見領袖）。

雖然 Selina 是頂流 KOL，但她粉絲的屬性其實比較多元，可能是喜歡她歌手、主持人、戲劇女主、女性領袖等不同的屬性，而「任性 eat 下」屬於是「新時代女性的生活品牌」，跟她既有的粉絲屬性，並不是完全媒合。

也因此，要從龐大又多元的粉絲量體中，去挖掘出符合價值觀的擁護者、門徒，即是我們營運影響力消費品牌的首要任務。

當時，我們選擇以聊天機器人活動去篩選核心用戶，透過導流過程中有趣的問答，在傳達新時代女性如何愛護自己的同時，也從中找到最核心的第一波擁護者。

接著，我們再透過專屬活動，讓擁護者成為門徒、從第一波消費者轉化成 KOC，讓他們來協助傳遞品牌價值觀：「享受一人時光、寵愛價值」。

綜合來說，上述案例的做法屬於是從「一百萬粉絲中」找出更核心的「一百鐵粉」，也可以視為是本書「養成粉絲」的下一階段，也提供給不同階段的讀者參考。

知識型個人品牌經營建議

在這邊我也想額外針對知識型個人品牌的經營分享一些經驗。知識型的專家往往在前期會需要先積累到一定程度的領先，讓更多用戶認識你的專業。

而到了下一個階段的變現，就要透過建立品牌來達成。這時，你需要梳理擁護者跟門徒，再讓他們產生裂變，藉由他們分享內容，吸引更多的漫遊者與參與者，形成一個開放式循環，而非單向由外往內的閉環。

PressPlay 的初衷：篤信影響力與下一個世代發展機會

與 Selina 合作的「任性 eat 下」，像是我們當初創立 PressPlay 初衷的縮影，就是在為影響力服務。

我們篤信影響力，相信影響力在 NEXT GENERATION（下一個世代）會有更多的發展機會。

因為年輕世代的消費者特別重視價值觀，像過往是悅人消費（讓別人看見）、現在是悅己消費（讓自己開心），而網紅新媒體的渠道在悅己消費領域的效果，比起其他媒體更好。

　　尤其我們網紅新媒體平常搭建的內容場景，跟消費者對生活的期待有高強度連結，因此更容易透過產品傳遞價值觀。

　　所以除了常見的知識、娛樂型變現，也開始有生活消費品牌的變現，特別如果網路意見領袖原先的標籤跟生活相關，銜接生活類型的消費品牌是最適合的，如：愛分享美食的適合推美食產品、愛分享旅遊的適合推旅遊行程。

　　這使得網紅影響力的價值，從過去像是廣告產業、把流量販售給品牌使用，到隨著年輕世代的消費者習慣改變與網路發展，圍繞影響力的變現機制更完善。現在，將流量保留給自己使用的價值就會越來越高。

你要的是影響力還是注意力？

　　這邊要特別說明，影響力（質）跟注意力（量）是不一樣的，百萬粉絲不一定能轉換出百萬營業額。

　　我們目前經營影響力消費品牌的成果不錯，其中的關鍵就是專注在「轉換擁護者成為門徒」，由門徒去吸引更多的漫遊者與參與者，而非不斷的打廣告、吸引注意力而已。

　　我們從 KOL 提供的差異化的體驗開始（如：Selina 提供 2022 的願景盒，從中抽出年終活動公關票），打造出符合影響力消費品牌場景與情感的內容，讓用戶可以長期慢慢沈浸在 KOL 提供的價值觀中。所以重要的還是底層的價值觀認同，影響力消費品牌產品只是第二層的具象化。

　　因此，這邊提醒創作者在進行影響力變現時的兩個重要觀念：創作者經濟沒有 100% 成功黃金公式，但高經濟價值的創作者，都會跟擁護者、門徒間有高強度的自然互動。

　　創作者提供的服務與產品，一定要跟過往長期的價值觀與內在場景，有高強度連結。跟風變現容易短淺。

影響力變現的難題

　　影響力變現最常見的問題之一，是當創作者要開始做品牌時，在角色的轉換上（從創作到商業）需要時間適應，所以我們會透過全程的參與產品開發、供應鏈、銷售等，讓創作者得以透過深入的投入，更了解自己的角色轉換，和雙向賦能的職責（讓社群幫品牌加分、讓品牌幫社群加

分）。

　　另外的難題是在 IPAD 四個環節中的「參與者」，經營參與者是比較辛苦的，需要有內容的差異化，才能讓漫遊者願意參與。

人物故事
雪羊

　　台灣曾被日本戰國三傑豐臣秀吉呼作「高山國」，本為「高砂」以雅字轉音而來，但也確實名符其實——不管身處台灣哪個城市，多能看到遠方聳立昂然的高山群。登山，因此也成為無數台灣人的休閒與愛好。不少臨山的學校，甚至還會把爬完「校山」當作畢業條件之一。

　　而一說到登山，就不能不提知名的「登山界 KOL」雪羊。本名黃鈺翔的雪羊，透過自己長期經營的粉專《雪羊視界 Vision of a Snow Ram》，累積了十多萬粉絲。他秉持「把山裡的故事帶給大家」的初衷，透過攝影跟文字，持續描繪著山野。隨著知名度逐漸提升，他受到許多媒體的關注、採訪，知名 Youtuber Joeman 也跨界邀他一同登山。

　　外表陽光開朗的雪羊，在山上總是以燦爛的笑容留影。許多跟他一起爬過山的山友，也都敬佩他的好體能，甚至有人誤以為他過去曾是職業運動選手。然而實際上，出身台中的雪羊，在國中小時卻是個不折不扣的內向孩

子，加上患有氣喘、體態較胖，讓他自嘲「（小時候）一直沒什麼朋友」。

中學時，喜歡爬山的爸爸，為了雪羊的健康，開始每週帶他去爬台灣各地的郊山，連續 3 年幾乎不曾間斷——這不僅為雪羊的體能打下基礎，也成為他與山林結下不解之緣的開端。

對動物的愛好，走進森林系

雪羊從小就喜歡動物，甚至連家裡買回活海鮮時，他都會好奇地加以觀察。高中時他參加了生物研究社並擔任社長，也因此選讀三類組。他發現自己更喜歡「野外的生物」，想實際探究牠們與環境的關係，因而選擇了台大森林系這個被認為較「冷門」的科系——然而回顧起來，雪羊認為那真是自己「人生中最正確的選擇之一」，因為相較於其他生醫相關的系所，經常需要長時間待在實驗室，能到林地實際探查、長時間跟大自然共處的森林系，才是他的真愛。

雪羊和「山」的進一步關係，來自與自然保育社的夥伴一起去爬霞喀羅古道。那是他第一次來到高山地區，然

　而那次經驗卻不算愉快——包括在山上瓦斯爐意外起火爆炸、少數山友不注重環境保護等，都讓他有些驚訝。直到大五時，社團夥伴相約一起去登玉山送舊，才讓雪羊真正打開百岳之旅。

　　過了一個月，學妹又再邀請他去嘉明湖，一行人上山看到過去只在書籍中得見的美景，讓雪羊留下難忘的回憶。雖然回想起來當時的準備不足，裝備也不符合傳統山社標準，但正是那次經歷，讓他發現自己在登山上有相較他人更強的體能，也因此對這項運動有了更大的興趣。

　　之後雪羊幾乎每個月都上山，開啟他探索山林的人生。本來就有攝影愛好的他，也拿起打工賺來的相機，開始記錄山上的美景和悠遊其間的動物們。

　　當兵時，雪羊在大雪山國家森林遊樂區擔任替代役男，等於每天與山林為伍，每一天與山的對話，都讓他更確信自己對自然的愛好。此時他在臉書上開設了粉絲專頁，以自己所在的駐點大雪山的「雪」字，以及自己的生肖「羊」作為筆名，開始在社群媒體上用圖文紀錄山中的點滴。短短不到一年，粉絲就達到上萬。

把山的故事帶給大家

退伍後，雪羊因為經營粉絲頁成效斐然，獲邀加入一家生技新創公司擔任行銷業務，之後也曾到新竹工業區擔任 FAE 工程師。不過歷經不同職務後，雪羊卻發現朝九晚五的生活，並不是自己喜歡的人生。

沒想到正在此時，剛好有人邀請他擔任專業嚮導。發現自己的興趣愛好不只能幫助別人，還能有實際收益，讓雪羊十分開心，也就這樣開始了他的嚮導人生。不只以登山為職業，雪羊也維持著寫作的習慣——現在他寫的不限於山林中的故事，也不時評論消防體制、山難救援等關於山林政策的議題。雪羊把人煙稀少的台灣高山，透過社群網路帶進大眾的視野，他獨到的見解和犀利的筆觸，更吸引了越來越多鐵粉追蹤。

已攀登過國內大小山峰的雪羊，人生印象最深刻的一次登山經驗，是遠赴中亞國家吉爾吉斯，攀登海拔 7,134 公尺的列寧峰，那次他深深體會到「世界之大，而人類在蒼穹間是何等渺小」。

可是在台灣登高山，總是被人稱讚「好體能」的雪羊，有次挑戰 7 千公尺的高山時，卻因為感冒讓體能大打

折扣，舌頭意外割傷又因海拔過高而潰爛不癒，最終不得不在 6,100 公尺中途撤離。在這段過程中，他發現自己過去自豪的登山經歷，原來根本不算什麼。

真正的快樂來自於每個感動的瞬間

這個經驗也讓雪羊開始反思，自己究竟「為何登山」？是為了攻下一座座高峰，享有那征服的成就感嗎？他回顧自己的登山歷程，發現讓自己快樂的從來不是攻頂的霎那，而是拿著相機、在過程中觀察紀錄的每一個瞬間，以及在登山過程中，遇到各式各樣的人，聆聽他們截然不同的故事，每段故事都讓他成長。

另一次讓他印象深刻的登山經驗在尼泊爾。在那裏他發現登山原來可以是這樣縝密的產業，尼泊爾發達的「登山產業鏈」讓他印象深刻，也因此確信擁有豐富高山資源的台灣，必能走出一條屬於自己的道路。在尼泊爾，雪羊看到當地居民的物質生活，以一般標準而言十分匱乏，但每個人臉上卻常洋溢著快樂的微笑，這也讓他體悟到，快樂與否其實跟金錢沒有必然關係，每個人的成功也都該由自己定義。

　　面對高山，雪羊說他學會了敬畏世界的遼闊：好比在台灣高山，你可以發現清代的古道、日治時期的駐在所、國民政府來台初期的墾殖遺址、近代的森林遊樂區……台灣的歷史都被高山承載下來。這些都是台灣的珍寶，只有人們了解到自己真正擁有什麼，才能夠對這片土地產生最真摯的敬畏之情。

　　這份感動，也是雪羊一直以來想要傳達的。他到各級學校、不同機構舉辦講座、開辦課程，並受邀至成大擔任通識客座講師，期盼讓台灣這個「高山國」的子民，可以更深刻的了解山林文化。有次為了到台東帶孩子們，他連續 6 週每週從台北往來奔波，也不嫌累。

堅持自己的道路，期待為山岳教育帶來改變

　　後來，雪羊在登山途中受到資深媒體人前輩的啟發，報考台大新聞所，再次回到母校——這次他想更扎實地學習新聞專業，好將自己透過雙眼跟雙腳、親身體察的山中故事，更鮮活地帶給這片土地上的每一份子，也把山岳教育推廣出去。

　　當我問雪羊：「做為一個每篇文章都有數千讚的高觸

及 KOL，有沒有想過循許多網紅走過的路，建立商業模式、成立自己的團隊規模化？」時，雪羊卻很堅毅的否定了。

「我做這些並非為了獲利，只是因著自己的熱情與喜好，想把自己體會到的美跟山林的故事帶給大家。但若我有團隊要養，就不得不考量生計、也必須跟現實妥協，或許就不能講自己真心想講的，更可能必須迎合市場──這些不是我要的。」

在「網紅」多如繁星的年代，雪羊同樣有著高曝光與眾多鐵粉，卻難得地一路走來始終如一。他因著對山林的敬畏存感謝之心而不斷前進，持續訴說著山中的故事。

「世界很大，只要你的熱情跟專業，能為他人帶來價值，並轉換成收益，那無論選擇哪一條路，你都有機會創造屬於自己的成功。」

第6節：
內容創作與個人品牌
經營目標設定的方法

關於個人品牌的 4 個思考

知識複利跟專家型個人品牌的建立與運營是一體兩面的事情，所以如何經營個人品牌也是我們在思考知識複利議題的重要關鍵點。

常有人詢問我們關於個人品牌的事，我都會建議先釐清什麼是個人品牌，以及為什麼要經營個人品牌。大多數人談個人品牌，談的都是線上曝光或一人商業模式的變現，但對我來說，個人品牌的定義其實更大。最簡單的理解就是「今天有兩個人在談論你，你會怎樣被評價。」

而除了網路上分享所見所學之餘，你可以先讓自己更多的在「線下的」個人品牌做經營。那個場域可能是你的職場或實體社群中，與你連結較強的老師、同學、主管、同事之間，塑造屬於你這個人的「好名聲」。

開始經營你的聲譽

　　所謂的好名聲，就是當別人問起你，或你未來的雇主對你做 reference check 的時候，評價你的人會豎起大拇指說，「這個人是個人才，我跟他相處過，我知道他能力跟態度」。

　　擁有這樣的個人品牌，才能在職涯開拓出比較好的道路。因為畢竟不是每個人都需要成為藍勾勾的公眾人物，擁有很高網路聲量。大多數的人還是在自己的專業領域為自己客戶（這裡也包括公司）提供服務。說到底，個人品牌其實就是經營你的聲譽。

　　因此，對於比較年輕的夥伴，相較於經營那種公眾視野下的「人前名聲」，我覺得私底下評價的「人後名聲」更需要關注。很多人的形象崩壞，就是在於內外的一致性失衡。舉例來說，怎樣的情況會被「爆料」？就是你人前一個樣，人後一個樣，也就是金玉其外，敗絮其中。那與其擔心自己人設崩壞，不如先把自己內在的底蘊塑造出來。

　　而名聲其實是很簡單的東西，是可以有公式去理解的。

「名聲＝性格＋專業」

　　品牌的根本意涵就是要體現你的價值跟差異性，讓你在與你競爭的同儕中脫穎而出，讓客戶因你買單。而在職場上，有了「客戶買單」，可能意味著升遷機會，或者求職跟轉職上的優勢，也可能是你在外部合作的機會增加。

　　個人品牌也是基於這樣的邏輯，你的名聲就是你的性格跟專業的加總。所以我們還可以把名聲分為「性格名聲」跟「能力名聲」。

　　性格名聲就是你如何待人接物，你在面對事物時會有怎樣的反應，你與人互動用怎樣的方式。而能力名聲在於你的專業能力，你可以為你的受眾或用戶帶來怎樣的解決方案。這其中，性格名聲又較為主觀，因為每個人對於不同的行為表現會有不一樣的評價。在有些人認為的暖男性格，或許另一群人認為這是好好先生的懦弱。

　　所以性格名聲其實更容易波動，比較穩固的聲譽會是能力名聲，而能力名聲也才是個人品牌的關鍵。我們都知道郭台銘還有賈伯斯在性格上都比較有自己的特色，這方面或許褒貶不一，但論能力大家對他們的評價就是一致的，因為這樣的評價是基於實績。

不要做網紅，要做專家

這也是為什麼會說在職涯初階的階段，不要急著求「流量」，而要追求自己在專業上的持續成長，累積屬於你的作品跟功績，好讓別人問起你的專業時，你可以如數家珍地講出自己曾經做過哪些案子，為客戶或組織帶來什麼效益。所謂的流量其實跟你的生涯發展不見得正面相關，除非你已經身在公領域或演藝圈工作。

網紅只代表「很多人知道你」，但很多人知道你不見得是全然的好事情。甚至今天在網紅這個詞的發源地中國，這個詞彙已經開始變成「徒有流量，沒有內涵」的貶義詞了。所以當有人說你是網紅的時候，千萬不要開心。要當網紅非常簡單，你只要把可樂倒滿浴缸再把身上綁著曼陀珠跳進去浴缸，或者在路邊吃屎，就可以瞬間爆紅獲得新聞報導。但你不一定希望是這樣被人記住的。

網紅可以博得人的注目，獲得流量，而專家則可以解決問題，帶來價值。在思考個人品牌時，要從產品的觀點出發，亦即我身為品牌，能帶給我的用戶跟受眾怎樣的價值，他們看了我的文章或者其他形式的產出後，能獲得怎樣的效益？

　　而這些就需要以專業能力為基礎。屬於你的專業標籤
是什麼？以本書作者何則文來說，職涯一直都與人力資源
相關，前幾年在中國因為有一群很好的團隊跟老闆，所以
有機會參與幾個案子獲得業界的獎項，這方面的創新就成
為何則文的標籤之一。而更早之前，他個人對東南亞的喜
愛，使他對那裏有了一些研究，也親身去訪多次，因而有
機會在像新加坡聯合早報這樣的海外媒體發表評論東南亞
局勢，這也是另一個標籤。

深耕專業終會被看見

　　談到這裡，我們也轉頭看看「線上的個人品牌」應該
如何經營。既然我們現在已經知道，一切的價值是基於自
身的專業底蘊，我們可以進一步探究：屬於自己的標籤是
什麼？自己可以怎樣帶來價值？

　　許多人錯誤的以為流量就是衡量價值的最直觀方式，
這也讓許多年輕朋友在分享跟創作時，關注的是有沒有得
到更多流量。但其實真正的價值來自於你幫別人解決了多
少問題，換句話說，你的存在是否幫助他人獲得了痛點的
解決方案。

　　何則文在初期的寫作上其實完全沒有人搭理。七、八年前他在臉書上寫的東西，動輒三、四千字，都是在談自己有興趣的國際政經局勢，而他的同溫層對這些沒興趣，點讚數也只有慘澹的個位數。進一步投稿到各大媒體專欄，也因他當時只是個二十幾歲小夥子，又沒啥特殊背景，都是無聲卡。

　　但他沒有因為「沒有流量」而放下這個領域的興趣，繼續因著興趣而書寫。後來一次分享自己在越南所見所聞，用親身經歷分析台商跟韓商在越南戰略布局的差異，突然成為爆紅文章，許多媒體轉載，也有許多業界人士分享，累積數十萬點閱，才讓他有機會出版第一本書。

　　這個過程中可以思考：這篇文章為什麼會爆？因為用親身見聞，分析了當時台灣跟韓國在越南投資布局的差異，並且給出具體的建議。這讓許多原本不知道這件事情的人，意識到了情況，也思考可能的方向。但這些分享的起心動念，就不是從流量出發的。

　　若是他一開始因著流量而寫，那可能在初期發現國際政經議題沒有人理時，就停止耕耘這個領域，沒有持續加強深化，那機遇也不會因而產生。

如何衡量自身價值？

　　所以回到開頭說的，很多人很怕自己寫不好被批評，所以不敢創作。其實這可以分兩個層面，第一個是「批評從來都不是壞事情」。我們要釐清：這個批評的來源是我們的受眾嗎？如果不是，那就不用太擔心。如果是，那就可以思考有沒有調整改進的空間。這是惡意的攻擊還是善意的建議？如果對方是希望我們更好，那這樣的批評指教反而要親自去進一步的請益，或許評點你的是這領域的前輩，你如果願意虛心地請教，那通常會獲得很正向的回饋。

　　第二個思考的層面是，我們不應該只倚靠他人的認同來建立自己的信心與價值。如果把自己的價值建立在別人的掌聲上，可能就會流於迎合他人，甚至做出違反自己一致性的事情。這也是呼應我們前面說的，不應該追求流量，而是專業能力。

　　那我們要用什麼來衡量價值呢？我覺得最好的方式就是解決問題的能力。當你的專業對於你的受眾真的帶來有效的解決方案，那就是你價值的體現。假設你是一個大學生，比起一堆人點讚，或許關於自己科系的分享可以讓一

個高中生對自己人生有更清楚想像，那就是真正有價值的事情。

如果因為你的存在，使你周遭的人獲益，那就是真正價值體現的方式。

四個可以思考的點

最後，我們可以收斂成四個重點。

第一是在職涯初期，試著透過經營職場個人品牌，建立起你的好名聲，做好每個報告和公司每個專案。待人真誠，你就能獲得好名聲。

接著，好的名聲其實更多的是基於專業能力，所以在職涯初期，怎樣培養出相應的專業能力才是最重要的課題。

第三，在經營線上個人品牌時，要試著成為專家型KOL，而不是追求很多人的認識跟流量，在成為專家的沉潛初期也不會有太多掌聲跟關注。

最後則是，不要把自己的價值建構在他人的認同上，而是你自身能為組織或者受眾，帶來多少正面的影響與改變。

人物故事
鄭俊德

正體中文世界最大閱讀社群，臉書粉專擁有 125 萬以上追蹤的《閱讀人》創辦人鄭俊德，是一位熱愛閱讀、並以此為職志的創業者。

《閱讀人》不單單是一個粉絲專頁，更發展出 4、50 個類型各異的網路社團，其中最大的「閱讀人同學會」有超過 15 萬成員。如今在無數推廣閱讀的場合中，不管是圖書館、或政府機構的文官培訓，都能看到鄭俊德在台上教學分享的身影。

這麼大規模的閱讀社群，在成立當初不僅沒有任何金援，更不用提出版社、企業或名人網紅的「加持」了。「一開始，真的就只是一個興趣而已。」鄭俊德說：「但看到越來越多人因閱讀而改變，它（閱讀人）也慢慢變成我堅定不移的志業。」

「黑手之子」與圖書館的相遇

理工背景出身、當過業務工程師、創業過 7 次的鄭俊

德出生於板橋，家中經營機車行，他笑稱自己是「黑手之子」。小時候他沒有什麼閱讀習慣，讀書只是為了考試而已。上了大安高工後，班上碰巧有一群好友都喜歡去圖書館看書，他也跟著前去，因此與書本結下不解之緣。

　　當時學校的「圖書館」其實應該稱為「圖書室」——總面積約只有兩個教室大小。但他在高中 3 年幾乎把所有能借到的書都看完了。18 歲那年他罹患自發性氣胸——這是一種若不及時治療可能危及性命的病症。這場大病後他發現人生在世相當脆弱，進而經常思索「人為什麼要活著」，也開始更積極的面對每一天。

　　那時他在教會擔任主日學老師，發現「閱讀」其實可以深深地影響每個家庭：如果父母有閱讀習慣，通常也能帶給孩子更宏觀、更有格局的視野。這段經驗在他心中默默種下一個種子，他相信台灣只要有更多人開始閱讀，就能給社會帶來正面的影響。

醫學工程與小說並行的青年時代

　　也因為 18 歲那次重病，在病床上準備推甄的鄭俊德，注意到了「醫學工程學系」這個當時不算熱門的科系。鄭

俊德認為它可以透過科技，幫助和自己一樣為病痛所苦的
人，加上電子資訊科畢業的他，卻不喜歡單純只是寫程式
而已，就決定報名這個專業。

上了大學鄭俊德來到新竹，第一次離家，但他並不
像很多大學生一樣開始夜遊夜唱，而是同樣每天泡在圖
書館，一排一排地把圖書館內的書借光。當時的他最喜歡
看小說，小說中的人生百態，讓他可以認識不同的文化民
情，也看見生命的各種可能。尤其是許多書中的主角不論
最後失敗或成功，常因勇於開創而有著精彩豐富的人生，
也讓他開始立定志向要創業。

畢業後鄭俊德投入醫療產業擔任業務工程師，代表公
司銷售器材設備給醫師、教授跟研究人員。這不會是他一
輩子的工作。自知個性內向的他在博覽群書後，深明自己
如果想要成功創業，一定得有業務的特質，所以把這第一
份工作當成「練功」。

雖然不擅長用口才說服客戶，但他選擇用服務感動客
戶。每個客戶的問題，他都會盡全力在當天提供解答，主
動幫忙解決各種疑難雜症。過了 3 年，鄭俊德有了創業資
本便毅然離職，跟朋友合作創立一家醫藥相關的代理經銷
公司。

　　後來，他陸續嘗試過各種創業領域，包括觀光、保全、網路行銷，再到食品團購、音樂教育等等。但繞了一大圈，他發現自己最投入、到後來也最具潛力的創業項目，竟然是一開始純做興趣的「閱讀推廣」。之後在顧問朋友的建議下，他嘗試為這個創業題目尋找商業模式，遂逐步成就了《閱讀人》這個兼具社會創新性質的企業。

《閱讀人》的 10 年路

　　談起《閱讀人》這個創立至今已 10 餘年的粉絲專頁，鄭俊德說一開始真的只是單純興趣分享，他認為如果自己能從閱讀中獲益良多，相信只要誠懇地把閱讀後對自己有幫助的書和書中的精華推廣給更多人，就能幫助其他人在文字中翻轉人生。

　　粉絲頁本來叫「閱讀」，後來鄭俊德思考到：「我們不只讀書，在與他人的相處中，也是一種閱讀。」因而將其改名為「閱讀人」。一開始經營得較為隨性，凡有趣的文章都轉貼，一天甚至可以發上 10 幾篇文；到後來慢慢聚焦在深度閱讀與分享，並陸續開始與出版社合作，分享書籍內的精華內容。

　　在這段過程中，《閱讀人》透過書摘、讀書心得、線上讀書會，把書中的精華用不同方式介紹、分享給大眾。許多網友口耳相傳下，越來越多人發現自己能在這些分享中，找到人生的力量：有跟父母關係不好的，因為被一篇文章給打動，開始嘗試和好；也有許多人遇到低潮，碰巧看到一篇安慰自己內心的文章，而來信感謝。

　　鄭俊德也因此更加相信：閱讀的力量，能為許多人生命帶來改變，這是一件「必須做也值得做」的事情。此時有一位從事顧問業的朋友鼓勵他：「這樣有意義的事情，你應該要試著全職投入，雖然或許不會賺大錢，卻能永續發展、帶來社會影響力。」就這樣，約莫 5 年前，鄭俊德開始專心以「推廣閱讀」為職志，打造自己的創業藍圖。

　　開始嘗試結合商業模式的前半年，走得並不順遂，鄭俊德甚至連一毛錢的營收都沒有。後來透過一次企業的「協助舉辦讀書會」專案，建立口碑而打進企業圈，以活動跟遊戲的方式推廣閱讀，有了收入來源。從此《閱讀人》也發展出政府推廣閱讀的專案服務，或至公司部門協助培訓演講。

「閱讀傳教士」初衷不變，盼千萬人因閱讀改變

　　鄭俊德如今也和台灣各地的圖書館合作，積極推廣閱讀，成為「閱讀傳教士」。他期待透過「讀書、讀人、讀世界」，讓大家都能因閱讀而改變生命。鄭俊德說，他希望可以透過推廣閱讀影響 1,000 萬個大人，這樣就會有更多家庭因而變得更好。

　　關於閱讀，鄭俊德認為無需拚「量多」，不必讀上幾百本書來展現所謂的「博學」，重點其實在於「實踐」——讀書讀到心坎裡，真的實踐書中的道理，並為自己的生命帶來正向改變，才有意義。

用知識複利變現
為你帶來人生新可能

第 1 節：
知識價值轉換

杜拉克的「知識複利」：
知識價值複利，就是知識的剩餘價值再利用

　　在前面幾章談完成為專家的系統性方法，以及一般來說一人商業模式的變現可能後，我們在這裡要探討：如何將我們好不容易積累的專家知識價值最大化？

　　但在討論這個問題之前，必須先談談一個傳奇人物——管理學先驅彼得‧杜拉克。杜拉克除了博識的智慧，更有趣的是他的職業模式，因為他同時身兼作家、教授、顧問三種身份，而他的模式是透過顧問諮詢解決企業問題，再將過程中發現的新知教學給學生，然後最後集結經驗、書寫成冊。

　　這種模式，與酈世典女士（Susan Kuang）於《斜槓青年》一書中提及的斜槓組合之一「寫作＋教學＋演講＋顧問」概念相若。但兩者的區別在於起點順序：《斜槓青年》的方法，是透過寫作積累名聲，進而獲得教學機會，又再進一步獲得演講分享的機會，最後是受邀成為顧問。

　而這類方法，就是先前在知識檸檬樹的故事中提過的「知識產品化」：將我們既有的專業知識，延伸成其他形式的產品與服務，像是顧問諮詢、課程、文章、影片等，再進一步變現我們想要的社交貨幣，像是知識型的個人專業品牌名聲；或金錢貨幣，像是課程的學費收入。

　但你肯定會好奇：為什麼這種將專業知識延伸成不同產品與服務的方法，會是一種「複利」呢？每個產品與服務的開發，不是得再投入時間嗎？

　這是因為我們將專業知識延伸成產品與服務的成本，遠小於積累專業知識的時間成本，而借用陳顯立先生的名言「剩餘價值再利用」，我們專業知識原本的價值，只幫助了我們解決工作問題、獲得工作報酬和工作信譽，但若能透過不斷延伸的產品化過程，我們就能讓知識的剩餘價值不斷疊加，甚至超過我們的工作報酬和工作信譽。

　但在分享如何實踐知識價值複利的方法之前，我想先強調「知識變現」。如果你是在台灣市場，一開始的目標最好是成就一個「能幫助本業的副業」，並不適合直接以此作為創業題目或主要營收來源（如全職講師、顧問、全職知識型網紅等），主要原因有二：

　　1. 脫離戰場，導致知識更新變慢：如果離開正職，你將會脫離「戰場」，變成消耗既有知識經驗的價值。知識半衰期速度很快，我們如果沒有身處戰場，自己專業知識的更新頻率將會變慢，而台灣市場規模有限，當你的知識不再具備領先性，也就會慢慢被市場淘汰。例如過去的Facebook 臉書行銷，很需要有專業顧問的協助或接受專業講師的培訓，這種專長在一開始的市場空間很大，但當既有的知識越來越普及，如果沒有不斷更新、開發新的方法，市場價值就會越來越低。

　　2. 知識變現風險高，需長時間經營：知識變現或個人品牌創業的高風險，源自於所有知識產品、服務的購買都是以「信任」為基礎，而信任並非一時半刻可以積累的，需要一段時間的互動以及足量的口碑，才能成就一個足夠被信任的知識型個人品牌。很多個人品牌往往在前期幾次小成功的變現後，就急著趁流量紅利期展開全職創業，但卻會發現流量一但消散，案源、學員就不足以餬口，就得想辦法再就業。

　　以上這兩個阻礙全職知識變現、個人品牌創業的原因

值得我們多慎思，但只要不以知識變現做為主要收入來源，透過知識產品化實踐知識「價值」複利，將會是專業知識工作者，非常值得投入的副業題目。若有良好的商業模式設計，不僅能幫助本業，還能增加收入品質、讓生命更豐富。

廣義與狹義的知識變現

想實踐知識變現，首先我們得先解了知識變現的本質。廣義上的知識變現，是指一切透過我們腦中的知識所轉換出的成果，舉例來說：創新商業模式、知識工作的收入、用知識進行說服所達成的業務成果等，都屬於廣義的知識變現。而狹義的知識變現，也是我們所熟知的模式，則是指將既有知識延伸的無形或有形產品，例如無形產品有課程、諮詢，有形產品有書籍、講義等。

我們探討的知識變現，皆是指「狹義的知識變現」（後續統稱知識變現），這種變現本質上又可以分為「對客戶」和「對專家」的兩個面向，我們將在接下來兩節中探討。

知識變現的雙面本質（一）：對客戶而言

知識變現必然有買方、有賣方，而我們的買方為什麼
會需要購買我們的知識產品呢？

原因是他們希望能夠「從他們的如今，到我們的曾
經」，也就是說我們必然曾經做到某件事或創造某個成
果，而這個成果恰好是現在的客戶需要或想要達成的，但
是如果他們要自己來，可能「根本不知道從何下手」或者
「想節省摸索與試錯的時間成本」，於是他們購買我們從
經驗知識轉化而來的知識產品，來協助他們更有品質、更
有效率的達到我們的曾經。只要有落差空間，就有變現的
機會。

了解以上的道理，我們就會發現，其實知識變現的關
鍵是在於「你的曾經」是否是「客戶如今想達成的成果」；
而你是否是位頂尖專家，可能不是最重要的元素。

意思是如果你是 90 分的專業，你可以幫助 70 分的人
更進一步；你是 70 分專業的人，也可以幫助 50 分專業的
人達到標準；就算你是 30 分專業的人，也可以幫助 0 分
的門外漢更好的入門，如同在「 PET 寵物專案」我們的
建議，只要找到相對專業、有經驗的人就可以了。

因為專業永遠是相對的，人外有人，但同時人下也有人，只要有形成落差的空間，就有變現的空間。

BAR 變現枝椏

針對「我們的曾經，是客戶希望的如今」這件事，我提供一個思考工具「BAR 變現枝椏」，這三個字母組成的英文字除了有酒吧的意思，也有枝椏、長棍的意思。換句話說，已經解決問題、有相關專業知識的我們，就像已經渡到河的彼岸，而我們的知識產品，就是伸出了這根枝枒，來協助正在原地摸索、不知道該如何渡過河的客戶。

我們透過「BAR 變現枝椏」思考客戶的狀況和欲達成的成果，思考得越清楚，我們的知識產品開發也能夠越清晰、越符合他們的期待。具體思考如下：

B（利益 Benefit，亦即我們曾經創造的成果）

首先要思考，我們想分享的曾經，也就是想幫助學員達成的成果是什麼？而成果越清楚，我們在知識產品的設計也會越明確。在這裡要特別注意，我們能夠分享的也只能是我們曾經做到的成果，否則不只在說服力上欠缺，還

可能會因為缺乏足夠的專業招致負評。舉例：我們只有研究過行銷企劃書籍，沒有實際嘗試的經驗，如果教人寫行銷企劃，很可能會被稍微有經驗的客戶問倒。

【範例】

若將「教學番茄炒蛋」當成我們可以分享的成果，則此時這個成果太模糊，因為你可能是「家常番茄炒蛋」，也可能是「餐廳番茄炒蛋」，兩者的程度不一樣，過程中要分享的知識不一樣。

最好要有可量化的指標，除了讓學員更清楚知道會學到的東西、同時也能進行自我評估是否有達成標準，比方是：「10 分鐘做出來餐廳番茄炒蛋」或「評分 4.5 星以上的家常番茄炒蛋」，前者是量化行為、後者是量化成果。

A（Audience 受眾，亦即客戶如今的狀況）

接著我們要來想，最可能有需要這個成果的客戶是什麼樣的人。受眾的衡量可以從行為、感受做判讀，而這需

要一些我們的同理與想像能力，除了能夠幫助我們在產品設計更清楚，也能幫助我們提升在相關資訊傳播上的清晰和共鳴感。

【範例】

如果是想學習「10 分鐘做出來餐廳番茄炒蛋」的受眾客戶，可能會是想在朋友、異性面前展露廚藝的人，通常的行為、感受會有「希望成為朋友中廚藝最好，因而被讚美的人」、「平常有在看食譜但自己嘗試做出來，卻始終不夠滿意」、「認為好的廚藝，能夠提升自己的魅力」等。

此外，還需要思考學員是全無經驗的新手或是已有經驗的老手，因為兩者狀態的不同，會導致要分享的技巧細節不同。但一開始最保險的策略，是把自己的學員都預設為新手，因為能教新手的內容，一定也能教老手，但反之則不可行。

另外要思考的重點是，你想像的受眾客戶，是否適合

你原先想提供的成果,可能原先想提供的成果遠超出他的需要。如果不符合,而我們就可以進行成果或受眾的調整。

　　根據我的經驗,一開始的受眾與成果設定往往都是不精準的,我們會傾向於提供更高質量的知識內容,因此導致成果複雜化,加上我們在該領域的經驗已經超出我們的受眾客戶,可能我們覺得很普通的素材,已經是他們會覺得很不錯的內容。這需要經過幾次的市場回饋後,我們才會更清楚。

R（Reasons 客戶購買的理由）

　　客戶的購買行為,除了用「金錢」,還有以社交貨幣變現為主的「時間」,但這背後都是他們需要投資的成本。而要客戶提供成本,就必然需要充分的理由。況且想清楚理由也能幫助我們判斷適合跟潛在受眾客戶接觸的方式。

　　通常理由可以分為:

　　‧以「需要」為主的推力:客戶是因為環境變化、被人逼迫等外力不得不尋求幫助。比方說新冠肺炎疫情期間大家居家工作,使我們需要學習如何使用視訊會議,

這類客戶往往會有主動尋找的行為，因此適合以關鍵字廣告、搜尋引擎優化（SEO）來接觸。至於與這類客戶之間的溝通調性，則可以用負面恐懼的方式。

‧ 以「想要」為主的拉力：客戶沒有特別的外在壓力，但可能看到某些不錯的成果，自己也很想要。比方說：朋友上完瑜珈課身材變好，使得他也想要去上。這類客戶因為比較被動，因此適合以口碑行銷、網紅部落客行銷接觸，而溝通調性就較適合正面、被羨慕的方式。

當然，很多人會覺得自己的客群兩種理由都有，但因為資源有限，我們還是要判斷出哪一個為主。如果兩者都想接觸，那麼溝通的調性、接觸點的設定就一定要有所不同。

【範例】

「10 分鐘做出來餐廳番茄炒蛋」的受眾客戶，應該是以「想要」為主，適合設計鼓勵已經購買的客戶進行口碑宣傳的機制，並強調被朋友羨慕、煮菜更有自信等內容。

　　反之，如果是要針對「需要」的受眾客戶，就可以寫「你為什麼煮的菜總是很難吃？」、「煮菜難吃竟然是朋友遠離你的原因？」這類負面恐懼的 SEO 文章或關鍵字廣告。

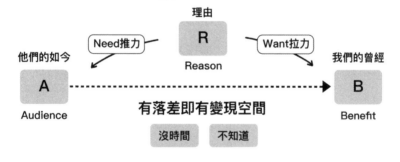

知識變現的本質：客戶

知識變現的雙面本質（二）：
對專家而言

　　而知識變現對於專家而言，在於擴大服務能量，累積

信任資產。我們的時間與服務能量有限，如同傑拉爾德·溫伯格（Gerald Weinberg）《顧問成功的祕密》一書中提到的：「顧問不是累死，就是餓死。」名聲卓越的知識工作者往往服務爆量，有新的機會也難以銜接；而正在努力中的知識工作者，則因為缺乏信任，起步相當困難。

這時透過將知識轉變為不同產品形式的知識變現，不僅能夠打破量的上限，還可以透過淺層如文章、影片等免費知識產品進行分享，積累市場的信任資產。

CTA 變現行動

而針對專家而言的知識產品化思考工具，我稱之為「CTA 變現行動」模型。

C 型服務

C 代表教練（Couch）或顧問（Consultant）。這型服務屬於精緻、高客製的知識產品，像是職涯顧問、企業教練等，屬於「全客製的專案」性質。只要我們有相對的專業知識，這是延伸成本最低的產品，甚至也是我們日常的本業工作。

但由於過程中會有大量的往來溝通，這類服務耗時最高、費用最高、服務量體卻最小（通常一日只能服務個位數）。

T 型教學

T 代表教學指導（Teaching）或工具（Tool）。教學的知識產品除了指導型課程、工作坊等屬於課程類，還包括知識引導工具如設計思考 5 步驟、工作規劃 PDCA 等。相較於上面提到的 C 型服務，T 型教學沒有那麼客製化，卻又保有與用戶互動的流程。

這可以視為是規模化的 C 型服務，也就是「半客製的流程」性質，服務量體比 C 型服務大，但也有上限（通常一日最多能服務百位數）。

A 型內容

A 可以是文章、影像或聲音（Article, Animation and Audio）的知識產品。最常見是我們俗稱的「數位內容」，像是部落格文章、Youtube 影片、Podcast 節目等，都是將專業知識轉化成能夠在網路上永久宣傳的固定產品，屬於「全固定的產品」性質。要將專業延伸成 A 型內容的開發

成本最高，但卻有服務的能量無上限的優勢。

　　A 型內容通常由於知識的專業度、完整度有限，較多是用來做免費分享，進而積累信任資產，達到吸引潛在客戶所使用的；但也有將數位內容印刷成收費的有型產品，如心理卡牌、書籍講義等。

CTA 變現行動的組合應用

　　關於前述三大知識類型的知識產品後，我想多補充一下，其實有些知識產品是介於 CTA 變現行動中兩者之間的，基本上都是以 T 型教育為核心，進行的混合性質，常見的類型如：

　　T 型教育 × C 型服務：這是指透過流程性的課程或工具為核心，引導客戶進行客製化專案的處理。相對於全客製的 C 型服務，能夠更有系統地引導客戶解決問題，使得時間成本更低，成果共識和結案成功率更高。比方說：設計思考顧問的五步驟方法論、職涯教練的長期系統性諮詢。

　　T型教育 × A型內容：這是指將流程性的課程或工
具，搭配或轉化成固定性的產品，這可以再區分為：

　　‧以課程為主體的產品，比方說線上課程，可以享
受規模化、低邊際成本的好處，但課程的互動與有效性，
就會相對純粹的T型教育來得低。

　　‧以產品為主體的課程，比方說職涯卡牌的使用教
學，可以附加產品的價值，賺取延伸收益，但相對純粹的
T型教育就會因為一定要搭配產品而有所受限。

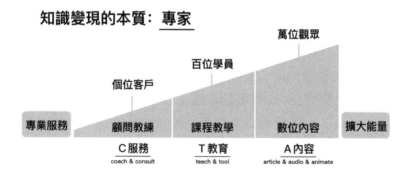

知識變現的本質： 專家

行銷漏斗：
擴大服務能量，也是積累信任資產

介紹完「CTA 變現行動」模型，我們會發現「杜拉克知識價值複利模式」就是屬於「從 C 型服務，一路往 A 型內容擴大服務能量」，讓專業知識能夠服務更多人，也創造更多變現機會，適合「快累死」的知識工作者。

而《斜槓青年》中介紹的「從寫作到顧問」則是反過來「從 A 型內容建立信任資產，再一步步往 C 型服務轉換」。這種行銷漏斗式的應用，則是適合一開始市場信任度不足、「快餓死」的知識工作者。

這個觀念也就是「CTA 變現行動」模型另一個重要性，因為我們的 C 型服務、T 型教育都很可能是客戶需要支付費用成本（也就是我們的金錢變現來源），但事實上不是每一個客戶在一開始都需要到 C 型服務這麼深入的知識產品。這需要等待時機。

很可能客戶今天只有一個疑問或好奇想要解惑，這時我們可以提供低邊際成本的 A 型內容（好比如何做行銷企劃的文章）來與他們接觸。等到反覆幾次接觸，當他對我們有足夠的信任資產，又有進一步的需求時，就可能會來

參與我們的 T 型教育，比方說行銷企劃課程。而如果課程教得好，讓他的信任資產堆得更高，當未來他面更困難的問題時，可能會優先來找我們提供 C 型服務，比方說行銷顧問諮詢或專案委任。

如果是企業，也可以在略加調整後，透過這個模式進行「教育行銷」，讓客戶一步步積累對我們的信任資產，而且這個「教育行銷」過程的好處有兩點：

1. 比起純粹的廣告投放，在客戶做最終採購以前，基本上成本只出不進；而教育行銷由於淺層轉換的成本較低，客戶更容易購買，我們可以回收行銷成本。

2. 透過教育，可以創造如「有溫度的銷講專家」王孝梅女士所說的：「讓客戶在情感上喜歡我們，在專業上信賴我們。」不只增加購買力度，還會讓客戶增加信任，也更清楚自己的目的，大大提升完美成案的機率。

最後提醒，掌握知識變現的兩個本質，才能讓我們在進行知識產品化、創造知識「價值」複利這條路上，有更清楚的道路，既能不餓死，也能不累死。這才是理想的知識「價值」複利。

專家點評

陳顯立

台灣電商顧問股份有限公司董事長

　　知識是疊加的，在我自己的經驗上也是如此。我是以實戰路線為主的人，習慣透過親身實作來累積經驗，再由經驗整理出一套邏輯，成為知識模組。而有了知識模組後，知識就能更輕鬆的被傳遞出去，成為別人的實作基礎。

　　這一連串的過程，除了讓自己的經驗產生意義，他人也可以在不同領域中應用我們的知識模塊，形成新的可能。當越來越來多人一起推進知識的疊加，就能幫助整個社會創造知識複利。

　　而當我們需要將知識實際落地變現時，本章節提出的 BAR 及 CTA 法則，則提供了一套清楚明確的檢驗方法。

　　BRA 帶我們以終為始的思考客戶的狀況和欲達成的成果，就能在推出服務時更切合他們的需求；而 CTA 則分別代表了不同的服務性能，讓專家可以評估自己在什麼階段，最適合提供哪種類型的服務。

知識變現服務案例：陪伴式問答輔導社團

以我所服務的台灣電子商務暨創業聯誼會為例，我們提供了一項特殊的服務「陪伴式問答輔導社團」，其運作的模式是為了協助客戶順利實踐為核心，提供一個長時間的問答社群服務。

當學員們加入輔導社團後，專業領域的老師會在學員卡關、需要協助時給予建議與幫助，彼此透過共同協作的模式，一起排除實踐過程中的障礙。

而當初之所以會建立這套服務，其實是源於我個人的體悟。我一開始先從知識型文章，也就是 A 型內容做起，初衷是純粹想分享自己在商業創新上的知識、經驗去幫助人們，但這些較輕量的形式的知識內容，也勾起了讀者們更深入的學習慾望。

所以當我的文章累積到一定程度時，漸漸就獲得了一些課程邀請。但在教課的過程中，我發現很多人在上完課、聽完講座後就沒有後續行動了，即便他們認同講座中的知識觀念，也有意願嘗試看看，卻苦於不知道從何做起、不知道自己做的對不對，而沒有進一步實質的產出。

　　這時我體悟到，知識產業最大的問題其實是──學完就停滯。

　　因而啟發我開始思考「如何幫助人們從學習到真正能產出？」，也才有了後來的「陪伴式問答輔導社團」，來協助學員們在執行時，有可以支持、幫助他的對象，同時也賦予了知識產品延伸與持續的意義。而有了這層意義後，才能真正發揮教學的價值，產生實質的績效。

知識變現服務的延伸意義

　　正如上述所提及，我認為學習與閱讀不是句點，而是起點。在做知識變現服務時，讀者們也可以特別留意自己所提供的產品，是否具備延伸的價值意義、走在一步步擴大服務量能的道路上。

　　我建議從發展產品或服務的第一天起，就要將「複製不重複、累積可延伸」的信念放在心中，做事情才會考慮延伸價值，不會陷入無法重複利用、單一效能的困境中。

　　好比書中提到的「教育行銷」模式，即是利用累積延伸的意涵，搭配 CTA 的組合應用去積累信任資產。其中 A 是吸引用戶的動機起點；T 幫助更加聚焦與釐清，也是

轉換延伸價值的過程；C 則是延伸與持續的再加深。

從「幫助客戶」為出發點

我想到「陪伴式問答輔導社團」的概念，其實是源自於 2019 年我在露比午茶的數據化營運管理課程所觀察到的現象：「客戶的反饋與需求，即是知識產品的推進要點。」

露比午茶一開始是舉辦講座（接近 A 型內容），當時上完露比午茶講座分享的學員都認為課程很有幫助、想知道的更具體，因此我們進一步的開設了實戰工作坊（B 型教育），將講座的知識透過實際的小練習更加延伸，而後學員又想將知識應用回自己面對的情境，因而產生了「顧問指導（C 型服務）」的陪伴需求。

在這個過程中，我發現知識產品真正重要的不是能教會或賣給顧客什麼，而是能「幫助」顧客達成什麼成果，試著從客戶要的未來利益思考時，就會發現許多機會點。

知識產品一定要能夠被普及使用，如果只是單一個案，這樣的成功能影響與傳遞的空間太小，唯有讓經驗知識產品化，才能夠更有效的傳遞和建構更深入的影響力。

在開發知識產品時，要站在用戶的角度「以終為始」的思考，運用本章所提及的 BAR 架構，先釐清最終想要幫助用戶達成的目標是什麼，再回推起始點應該怎麼做。就如「知識產品」是希望幫助人們學習後能有所產出，但許多線上課程的完課率相當低，根本無法促使用戶有什麼實際產出，這樣就不是一個好的知識產品。

在知識領域中，當你看到一個案例中有可以學習的做法或機會，就該試著放大，應用在不同的領域。知識不應該縮限在小部分人的權力範圍內，持續傳遞與連結才能產生新的價值。

對於知識經濟的再啟發

透過經營陪伴式問答輔導社團，我更加意識到，知識之所以會有無限的價值，在於他不只是知識，更是創造新實作的基礎。若只是把知識當成單純重覆利用的模塊，很容易就洗乾知識的剩餘價值。

想創造自己知識延伸的價值，最好的方式就是「大量的分享」。過去我在燦坤任職時即不吝嗇地寫下自己的經歷及背後的洞察，累積足夠的內容後，許多課程、講座的

機會自然也就跟著來了，也才有後續的機會進一步打造出
自己的教練、顧問型服務。

　　因此鼓勵所有想要創造知識價值、打造知識產品的讀
者，別害怕分享自己的秘訣。正是因為分享的力量，知識
才能持續複利疊加，我們也才更有機會讓別人知道與認
同。

章節小思考

　　讀者們如果讀完本書後，若想要開始打造自己的知識
產品或服務，可以透過 BAR 先了解自己想服務的用戶在
什麼情況中以及他們想達成的成果，再思考如何透過 CTA
的架構開展一系列有價值且具延伸意義的變現機制？

　　要記得，知識產品沒有物理極限，可貴之處正在於其
可以不斷往後延伸。

第 2 節：
知識產品化的起點

如何開始知識產品化，創造知識價值複利？

前面分享完知識產品化對客戶而言、對專家而言的兩面本質，以及 CTA 三種產品類型，接著你一定會想知道，如果想透過知識產品化，創造知識價值複利，應該從哪裡起步？

這裡我們需要先說，第一步肯定不會是 C 型服務。因為 C 型服務就是我們知識工作者的本業，而我們需要的是能夠有效延伸新知識產品、產生複利的起點，因此分為 A 型內容或 T 型教育起點。接下來就讓我們來看看它們各自的優缺點。

起點一：A 型內容＝文章撰寫

這是近年來最流行的起點，也是前面提到《斜槓青年》推薦的模式之一，原因是 A 型內容相當適合剛起步的知識工作者，只要透過有紀律性、策略性的產出 A 型內容，尤其是能搭配社群平台分享和享受 SEO 好處的文章，

一面建立大量文章進行曝光，一面還能被動的積累更多的信任資產。等於以社交貨幣變現為導向的起點方式。

以本書作者高永祺為例，2020 年的 7 月份在他的導師林宜儒先生的教練下，實驗用一個月的時間，每天寫一篇關於他相關專業知識的文章發表在他自己的網站「成長嗨咖」。 4 個月後 SEO 成效開始運作，每週都被動的有數十筆訂閱名單，積累了近 1,000 筆，而且是開信率超過 3 成的優質名單，也開始有人注意到他，來找他開課、節目邀約、委任顧問等。

而且文章的製作與試錯成本相對其他 A 型內容較低，不需要繁瑣的剪輯，也不需要其他的表演技巧，還可以隨時調整、優化內容，使得我們可以有高頻率的練習機會。借用林宜儒當時鼓勵高永祺的話：「出手次數越多，優化速度越快。」這番話讓高永祺從一個文章弱手，快速成為至今網站累積超過 3,000 首頁關鍵字的網路寫手。

但想透過文章作為知識變現的起點，有四個條件我們需要注意：

1. 個人網站與獨立網域：很多人在寫文章經營個人品牌時，首先會想透過臉書等社群平台，但事實上一篇臉書

貼文的存活率通常只有兩、三天，就算很熱門也難以超過一個月。而如果是日常生活的貼文倒無所謂，但辛苦撰寫的優質知識文章，只能存活那麼短時間，是一件相當可惜的事。

接著會有人想透過 Medium、Matters、痞客邦等寫作平台進行撰寫，如果你仔細觀察，會發現在 Google 搜尋關鍵字後，首頁的推薦文章通常是來自於不同網站的網域（Domain），意思就是如果你在寫作平台的文章，已經有別人寫過相關的關鍵字、且被 Google 搜尋到首頁，你將難以超過他。

不會被搜尋引擎看見，就不會有被動流量，也就毫無複利，因此個人網站與獨立網域，是想投資寫文章經營的必要條件。而且個人網站是自己的，所以編輯空間大，還可以結合下面提到的私域流量經營。

2. 私域流量經營：私域流量是指相較於 Google 搜尋、臉書社群平台等公域流量，可以讓自己確保直接觸及受眾的流量，在台灣常見的有 Line @、Email 訂閱等。經營私域流量的好處，除了有一批能穩定行銷的潛在客戶名單，還可以透過互動的過程，了解潛在客戶的需求，積累專屬

的信任資產，像是針對客戶興趣，製作或推薦相關文章、課程。

　　這也是經營文章的目的之一。只要有一套好的訂閱系統與經營方法，就有機會能將文章的讀者，吸引轉變為私域流量來源。

　　3. 系統性的穩定寫作：如同前面提到的「出手次數越多，優化速度越快」，當我們頻繁的出手，就會開始吸引一些對我們主題感興趣、關注我們的人，他們的回饋就能幫助我們更加優化，或者找到更適合的內容。

　　這就需要系統性的穩定寫作，而系統性寫作的方法市面上有很多就不再贅述，但特別建議可以在初期找一些朋友，成為你的支持團體，這也是林宜儒先生建議的方法，好處是能夠讓我們增加動機（總有一群人等著看文章），並降低市場回饋的壓力（至少是自己認的人）。

　　如果能接受以上三個條件並充分執行 A 型內容的文章寫作，且以積累信任資產、社交貨幣變現為導向，將會是個很適合剛起步的知識工作者的起點。

起點二：T 型教育＝實戰工作坊

另一種起點是從 T 型教育中的實戰工作坊開始。這邊所說的實戰工作坊，不同於會議使用的工作坊，是指透過經驗知識整理成的方法論與教學指導，以針對問題實際操作的方式，將知識傳遞給客戶、學員的課程形式。也可以視為以金錢貨幣變現為導向的起點。

而這個作法的知識「價值」複利是最高的，也是我最推崇的方式，因為實戰工作坊融合了方法論與教學，具有 4 個面向的極高延伸性：

1. 向上：延伸 A 型內容。當你設計了一堂實戰工作坊，裡面的方法論和知識點由於已經整理好，就可以很容易的轉換成 A 型內容，舉例：將行銷企劃實戰工作坊的步驟，變成一系列的行銷企劃教學文章。

2. 向下：強化 C 型服務。而實驗工作坊中的指導手法和方法論，已經具有相當的成熟度，能夠幫助我們在進行 C 型服務時，更有系統性的協助客戶，也是在 CTA 變現行動中提到的「T 型教育 × C 型服務」，舉例：以行銷企劃實戰工作坊的內容與架構，一對一協助客戶規劃行銷

企劃。

3. 往前：金錢貨幣變現。實戰工作坊本身就可以直接販售，如果你是成熟「快忙死」的知識工作者，你可以選擇推薦部分客戶直接來上你的實戰工作坊，除了有之前提到的回收行銷成本、增加客戶信任與專案成功率等「教育行銷」功用，也能讓因為你滿載而無法服務到的部分客戶，在等待期間先獲得專業知識的幫助。

4. 往後：社交貨幣變現。如果你是屬於起步中的知識工作者，你可以透過舉辦價錢較低的實戰工作坊來協助潛在受眾，讓他們因為對於知識的好奇而來，然後在實戰工作坊的過程中積累信任資產，並且再透過鼓勵他們分享心得的方式進行口碑行銷，加速市場對你信任資產的積累。

實戰工作坊具備以上 4 個面向的延伸性，這就是我們特別推崇實戰工作作為起點的原因。只要你有一定程度的專業知識，對教學有興趣，那麼實戰工作坊比起文章寫作，是能更深入幫助本業的副業，也具有非常高的知識「價值」複利。

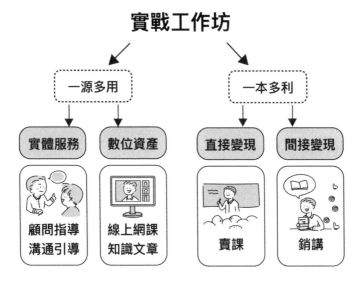

圖說：用圖看懂實戰工作坊

知識價值複利開始前的兩點提醒

最後，如果你正準備起步開始進行知識「價值」複利，有兩個我們在知識變現領域中的從業心得想分享給你：

1. 簡化高密度的知識產品，就等於延伸新的知識產品。在知識產品化的起點中，我們特別推崇以 T 型教育作為起點，無論是上下前後四個面向的延伸價值，其本質都

是透過一源多用（One Source Multi Use, OSMU），實踐一本多利。也就是「把一個知識源頭，擴大應用出多種延伸產品，進而以一次的成本，多次變現獲利」。

而這種擴大應用的本質，其實就是把高密度的知識產品簡化。例如我們把專業知識簡化成實戰工作坊，再把實戰工作坊簡化成講座，最後把講座簡化成文章，這種簡化原則也就是知識「剩餘價值再利用」。只要善用簡化，我們就能充分實踐以知識產品化，創造知識「價值」複利。

雖說知識產品的開發成本遠小於積累專業知識的成本，但如果能讓開發成本更低，我們無論在社交貨幣或金錢貨幣的變現效率，提升幅度都會更大。

2. 用客戶的成功，延長客戶的終生價值。如同我們在本章的開頭「BAR 變現枝椏」中提到的核心觀念，對客戶而言知識變現的本質，是幫助客戶「從他們的如今，到我們的曾經」，我們的任務事實上就是如《絕對續訂》中所提到的「幫助客戶成功」。而這個「到我們的曾經」的任務過程，絕非一篇文、一堂課、一次顧問可以輕易達成的。

只要我們心中謹記要幫助客戶成功，我們就會持續思考他們在成功的路上，還可能需要什麼知識產品？而這些

能幫助他們的知識產品，無論是 CTA 中的哪一種，都有機會延長客戶對我們的終生價值。千萬不要在一次服務後就結束了與客戶的關係，這既是可惜了這些辛苦積累的信任資產，也是損失了知識價值複利持續運作的契機。

只要銘記讓客戶成功的精神，不斷延長客戶終生價值，知識變現就很可能會從你的副業，一路成為你的本業。前人有云：做一單生意是為了交一個朋友；而非「交一個朋友只為了做一單生意」。從這個思維角度去想，我們才能將合作機會變的更長遠，讓機遇源源不斷的發生。也透過這樣的精神，創造更多的價值，成就更大的影響力。

專家點評

原詩涵

透鏡數位內容創辦人

　　在知識經濟這塊領域中，我看過很多人的起點會想先做線上課程或直接出書。但正如本章節所述，對剛起步的知識工作者來說，其實可以先透過輕量的文章、課程，跟讀者、學員產生關係，在延伸開發相關的知識產品效果會更好。

　　或許有些人會認為這樣看起來像是做慈善，但實則可以幫助你積累個人品牌、迭代自己的知識思考與品質，為之後的變現服務鋪路。

　　儘管我本身就是線上課程的專家，但仍然會覺得若一開始就直接做比較高階的線上課程、書籍出版的話，成本都算滿高的，且在市場還不認識你的狀況下，銷售成績可能也會不如預期。

　　我們現在看到很多市面上厲害的前輩，像是 Hahow 上有很多老師的課程看起來都像爆款商品（Python 程式交易等），會以為他們是一夕成名，馬上就賺很多。不過如

果去研究一下，就會發現老師們幾乎都是花了很多時間經營社群，累積好幾百篇相關文章，有了一批信任他的觀眾後，才能透過廣告加值做到如今驚人的成果。

知識產品化案例

以我自己的透鏡數位為例，即使我的專業就是線上課程，但在最剛開始經營時也不是直接開課程教學，而是先從 A 型內容的文章分享做起，專注在分享知識萃取、線上課程相關的免費內容，藉此讓更多人認識自己，近一步拓展業務。

在寫了一陣子的文章內容後，我開始著手推出免費電子報，為的是建立更緊密的關係，也為之後的工具包銷售鋪路。在這之間，我也有推出一些工作坊，但並非我最在行的形式，主要是為了滿足一些企業邀課即時的需求。

直到免費內容逐漸穩定、累積起一些流量後，我的工具包才正式上線；工具包屬於較輕量的知識產品，他不需要像影像內容的高成本製作，很適合作為我初期名單的變現商品，測試看看市場水溫及接受度。再加上 2020 年時「知識萃取」這個詞的討論度很高，所以當時就有做出一

些成績。

接著，我才逐漸往學習營、線上營發展，但過程其實也是比較曲折的；我一開始想辦「線上課程教學法則」的實體工作坊時，其實並不如預期順利，遇到報名人數過少的問題，本以為是市場上沒有學習線上課程教學法則的需求，苦惱了好一陣子。

後來剛好遇到疫情來襲，就順勢轉型成數位轉型特訓班，才發現需求其實是存在的，只是過去的表述方式不對，只著重在教學法跟腳本編排的輸出。

近一步修正後發現，人們還是有動機學習，不過會更期待學完後的實際產出，因而加上了影片產出的教學服務，直播學習營也才更符合顧客的期待，也獲得市場的好反應。

知識成功變現的穩定道路

綜合來說，打造知識產品的過程確實不是一蹴可及，通常都需要更多的耐心等待、穩定前進和不斷迭代優化，才能成就出一套可以打長線的知識品牌。

這邊也想提醒讀者，千萬不要小看免費資訊分享的效

力！舉例來說：我近期成交的一個 140 萬的標案，就是透過文章找上我、來跟我談合作的；所以如果能在前期就好好累積自己的信任值，往後經營知識變現服務時也能藉此墊高自己的價值。

而且，當初會開始想教學賦能，是因為希望花更多時間精進自己；我深知自己的產能有限，若一直停留在原地，當一名乙方外包商，那我的價值可能也很有限，只能透過不斷地接案來服務客戶，而不斷地輸出對我來說並不是一個好平衡，所以也才開始想自己還能提供什麼。

雖然我們教客戶，他們不一定能達到跟我們同樣的程度，但會更增強對方對我們的信任度，且在未來有機會合作時，也能成為更好的對等關係。

在這個過程中，我也發現市場上其實有很多願意沉澱下來、好好累積自己的人，而不是急著變現，把我們當成浮木。很幸運自己能提供這群人一個資源，幫助他們往他們理想的樣子發展，也是我在做知識產品的過程，覺得很感動的一個點。透過產品，我真的創造了自己想看到的改變。

想清楚自己是為何而做

不過這邊我也想特別提醒讀者，如果你有興趣往知識經濟領域發展，首要得先想清楚：自己是為了什麼而做？

有些人創業、提供專業服務，是希望藉此賺更多的錢，讓自己的規模系統更擴大；另一種人，則是想要做一人公司、不求大規模，他們就會更謹慎的考慮客戶，評估每個案子對公司的長遠發展有沒有幫助，假如沒有幫助，儘管收入不錯，也不會隨意接手。

在商業市場上，沒有怎麼樣才是絕對好的答案，唯有想清楚自己想要達成的目標是什麼、找到自己的平衡點，才不會在受到挫折或誘惑時就不斷地變動。

以我自己為例：當初我想創業，就是因為想透過事業滿足我生活的品質，同時也保有更多的時間來精進自己、維持自己的專業高度。

不過當事業做起聲量後，就有越來越多機會找上門，這之間我也曾動搖過，會忍不住想要都接下來。這時，學著評估衡量就很重要，後來我還是決定保留自己學習的時間，讓輸出跟輸入達成良好的平衡，才能持續保有自己的專業性，讓市場知道我的技術與專業還是不斷在進步。

　　再後來，我也遇到另一個市場定位的難題，當時在做線上課程的廣告投放測試，團隊測試出來的結果是如果主打「創造收入」，或是舉辦銷售講座，通常成果都會很不錯。但我仍然想保留自己的底線跟堅持，我希望在自己身上的標籤不只是商人，而是 # 商業的職人，我不主打知識變現，但如果你想打造很好的專家形象就該來找我。

　　對知識產品來說，成功與否很仰賴講師的個人品牌調性，一旦設定好自己的定位後就很難輕易扭轉，所以我建議讀者還是要先考量清楚，不要逼自己做賺錢但心裡不認同的事。

懂得傾聽用戶聲音

　　若你有興趣做出自己的知識產品，很重要的一個要點就是：聽市場上用戶的心聲。通常滿足用戶的需求會是取得商業成功最快的方式，不過就像上面所述，專家們還是要考量現在市場上提出的東西我適合做嗎？我願意做嗎？

　　舉例來說：我在做線上課程教育時，發現講師們都喜歡有人督促他們，如果有提供督促的服務，他們就會感覺更滿意。但聽到這個需求後，我還是要回去考量督促這個

服務我適合做嗎？我願意做嗎？

如果這個需求跟自己的事業較無關係，又不想完全放掉機會，可以試著用合作的方式，去放大自己的服務範疇。

展望未來，多媒材的混成教育是知識教育很重要的一個趨勢，雖然還是會有單一產品，但那只會歸屬於一個大混成的小部分。透過混成的方式，可以更好的抓回用戶的注意力，滿足現代人對新鮮感的追求。

雖然這樣的形式可能對講師來說會比較辛苦，但同時也能減輕把所有成效壓在同一商品的壓力。

知識產品專家在未來會更需要具備打造全方位體驗產品的能力，試著站在用戶的角度思考，他們想獲得的成功是什麼，而非只是把單一知識做到極致。從各個角度切入，提供給用戶幫助，才是知識產品的長線之道。

章節小思考

讀者們如果讀完本篇想開展自己的知識產品，可以先思考自己希望幫助別人帶來的改變是什麼？你的目標對象他們理想中的自己是什麼樣子的，他們所需要的跟你本身

有關連嗎？

　　如果有的話，就能把這個定位為你的形象，幫助加深自己知識產品的價值，也能做出更符合需求的產品。

第 3 節：
變現方式 DCK──
直接變現、協同行銷、知識產品化

　　還記不記得，本書第一章談到 POEM 中第四個階段
「價值轉換期」變現的部分，可以分為 DCK 三種模式，
也就是直接變現、協同行銷、知識產品。現在我們來詳細
談談這三種變現模式的實務操作與方法。

透過流量為基底的直接變現

　　直接變現（Direct Monetization）是以流量為基底，透
過廣告或者直接打賞的方式進行變現。廣告的如部落格或
Youtube 的廣告分潤，或者像是 Medium、Matters、方格
子等平台的打賞作者機制，而臉書未來也將推出直接打賞
創作者的模式。除了這些之外，一般我們看到的網紅直播
主的粉絲禮物也可以歸類於此。

　　這種模式的好處是簡單，因為我們不需要有太多複雜
的程序，就是擺在相關平台上，既有的廣告流量分潤機制
或者打賞模式就可讓錢進來。但缺點就是對於專業型的個

人品牌來說，較難一次性地獲得大量的流量（相較於一般娛樂型的）。而且如果要用影片方式創作，也需要一定程度的前置作業或團隊支援。

對於專家型 KOL 來說，要以這種方式變現，有相當難度。當然也是有成功的案例，比如知識型網紅「35 線上賞屋」的 Ted，以及其他許多專業講 3C 產品的 Youtuber 等。但他們的操作模式還需要背後的團隊來協力，對於一般的個人，想要透過流量直接變現，獲利空間較小，比較不會作為主要變現的方式。

主體在合作夥伴的協同行銷模式

協同行銷（Collaborative Marketing）則是當我們在領域中有一定聲量，具有廣告價值時，外部組織直接邀請進行置入性的廣告合作，就是我們常見的業配。業配有各種形式，一般的民生消費品大多會尋找流量高的網紅。但有時候微型網紅也能接到不同等級的業配，許多網路社群都有專門媒合雙方的平台。然而對於專業型的 KOL，即便已有聲量，仍要考慮產品與自己的相關性。

假設我們是語言教學的專家，業配的產品卻是風馬牛

不相及的健康保健食品，這時候這樣的合作對雙方都不見得能有直接的助益。要知道，合作的終結並不是在完成推廣的那個當下，而是推廣的後續是否有真實的為合作伙伴帶來價值的轉換。這樣的協同行銷，主體在於對方，產品跟服務都是對方在推廣的項目。因此如果雙方調性差太多，幫不了彼此，反而可能對自身形象有些許影響。

　　一般來說，專業型的 KOL，比起直接的產品業配，更多的是聯盟行銷。聯盟行銷最簡單的理解就是抽傭。這種類型並非在推廣之前就商議好價碼，而是推廣後，依據有多少實際轉換成產品與服務的購買，再計算分潤的空間給合作夥伴。這樣的模式對於一般專家型的個人品牌會是比較常見跟有幫助的。

　　常見的專業型 KOL 協助推廣的產品是以課程或其他知識服務（比如講座活動）為主，這種模式不見得賺的比業配少，成功轉化的情況下，要上看百萬都有可能。這也是專家型個人品牌在變現上能形成商業互捧的正向循環模式，也就是這次我幫對方推，下次對方也能幫我推。

可控可管最能抵抗演算法的知識產品

　　然而，不管是直接變現還是協同行銷，其實都不應該是專家型 KOL 的變現主力。最符合知識複利精神、也最應該推廣的變現方式，我們認為是知識產品類（Knowledge Products）。直接變現和協同行銷的主體都不在於我們自己，而且還更容易受到演算法的控制，君不見許多 Youtuber 哀號演算法環境越來越不友善，同時在 FB 的觸擊也相較前幾年有顯著落差。這些平台的流量紅利減少都讓後進者難以複製過去成功。

　　而知識產品卻不同，知識產品的主體不在於他人，而是自身身上。

專家點評

林宜儒（Lawrence）

Teachify 開課快手、iCook 愛料理、INSIDE 網路趨勢觀察創辦人

變現模式，是所有創作者都該思考的命題，然而，D（直接變現）、C（協同行銷）、K（知識產品）三種變現模式沒有優劣之分，創作者最終皆須達成，只是依照現階段的能力不同，可安排不同的先後順序和投入比重。在此之前，建議創作者先聚焦思考：「你最能幫助什麼樣的人？」、「你擅長進行什麼創作格式？」

從創作者到平台主

在知識變現的領域中，多數人對我的認識是擅長平台與策略，但其實我也是位創作者。

自幼我便熱愛創作，我喜歡文字創作、也透過寫程式進行創作。我在大學期間，架了類似算命和心理分析的惡搞網站，讓每個人皆能在網站上創作自己的成分分析機，創作完後分享給同學、好友、室友。只要輸入自己的名字，

便能得到個人化的分析結果，因趣味性十足、引發話題，因此快速掀起風潮。

網站上線半年多，累積了 800 萬不重複的訪客數。從中我發現：我創造的成分分析機雖是網站上人氣排名前十名，卻擠不到前五名，這使我意識到，儘管我想到的創作想法能受到歡迎，但前面仍有遠遠超過我的創作者。

因此我得到很大的啟發，作為一個站長、平台營運者，我更擅長創造舞台，讓許許多多有創意的人，在我搭建的平台與基底上，搭建出屬於自己的舞台。

重點是你能幫助誰？

後來我又跟兩位好朋友一起創辦了 iCook 愛料理平台，讓全世界任何一個角落的人，不論年紀、職業、廚藝背景，都能在平台上分享各式各樣的食譜。

我本人不會做菜，但我分享過 3 個食譜，其中人氣最高的一道食譜是讓大家知道一個做菜新手，如何從零開始做出空心菜炒牛肉，而這三個食譜加起來有超過 10 萬瀏覽量！

這使我得到一個重大的啟發：不論你的專業程度如

何，世界上總有程度和你差不多、需要你幫忙的人，只要你願意分享，你就能創造價值、分享資訊給其他人。想要知識變現，你就要找到自己的定位，找到能引發共鳴的那群人。

創作者打造事業的關鍵

擁有創作者、平台主的雙重身份後，讓我對「創作者事業」能有更深的洞察，我進一步往下思考：除了分享內容，創作者想要變現、建立自己的事業，更需要什麼幫助？

隨著 YouTube、Twitch 等平台的興起，任何人皆有機會透過分享內容，在世界發揮影響力。但若要協助創作者從「發揮影響力」到「經營創作者事業」，我認為我們需要比 YouTube 更進一步：幫創作者建立「直接的會員關係」。讓創作者從內容分享到輕鬆架站，既可以分享知識，又能直接販售產品、經營會員關係。

尤其這幾年盛行數位賦能、科技賦能等概念，別於以往要學會自己架網站、寫部落格的高門檻，現在我們可以透過雲端軟體服務，把架站門檻降到極低。

　　因此我大膽的想像：能不能有一天，讓每個創作者都可以很快架設自己的網站，分享任何領域的知識，讓世界上另一個角落也關心此議題的某個人看到，並以此建立關係與變現的價值？

　　恰好目前亞洲專心在為內容創作者服務的 SaaS（軟體即服務）較少，因此我們就決定做一個架站工具，利用軟體技術，讓創作者能快速架設網站，並在上面經營內容；這些內容能幫助創作者成就自己的事業，牽動一群支持你的粉絲成為你的付費會員，而當創作者有了粉絲實質的支持，就能持續創作。

　　並且，因為網站的管理者是創作者本人，因此創作者可以握有所有會員的名單，直接經營和粉絲的長久關係。

　　過程中，我發現不論你的興趣是主流或小眾，世界上一定會有另個人與你興趣一致，如何把他們媒合在一起，讓每個人都有能力為世界帶來改變，就是讓我樂此不疲的事。

三種知識變現模式如何排序？

　　前面提及，D（直接變現）、C（協同行銷）、K（知

識產品）三種變現模式沒有優劣之分，然而，每位創作者初期到底該如何選擇適合自己的變現模式呢？以下我提供三個思考方向。

第一：經營門檻的高低。起初，創作者在選擇變現模式時，可以先從自己喜歡、擅長的創作格式開始，這將大幅降低你的經營門檻。

以我個人而言，我擅長文字和 SEO，當我以文字作為創作格式，變現模式也會出現方向，像是適合我的模式包含：聯盟行銷、導購、發行訂閱制專欄，或是和別人合作，經營千人付費社團，讓裡面的付費粉絲可以看我日更的文章等等；反之，若有些人喜歡拍影片，他的變現模式就會有開箱影片、故事業配等選擇。

變現模式，早在一開始你決定創作格式時，就會有所侷限了。因此建議你能優先思考：「你擅長並想以什麼創作格式來分享內容？它所延伸的變現模式又是否能接受？」

第二個思考：你想賺多少錢？這個問題相對主觀，同樣以我個人為例，我若以販售文章為主要變現模式，人們願付的價格會較低，文章很難賣貴，你鮮少聽到人家願意花幾千塊買一篇文章的閱讀權，所以格式也決定了願付價

格；但為了線上課程付幾千塊卻是常見的。

　　但反過來講，除了考慮營收，你也要顧及成本，以一篇文章的製作成本來看，撰寫成本可能只要兩小時；一堂影音線上課程的成本不含時間，光費用就要十幾萬。因此你要去衡量創作格式所影響的「人們願付價格」與「成本」。

　　第三個思考是考量時間的維度和用戶關係維持。你可以試著問自己：「現在打算變現的產品，一年打算做幾次？」

　　假設你是賣一個嘔心瀝血的大作，例如 6,000 塊的線上課，你就很難每個月都和用戶收費；但假設你是做訂閱制，每個月都出一個產品給他，你就有機會跟收他十二次的錢。因此你也要思考，你的產品適合帶狀賣，還是一次賣？

　　當然，最終你所決定的價錢，也會決定購買人數，因此你也須考量，你是希望一次把大錢賺到手，還是追求賺的錢穩，透過和用戶經營關係，去提高回購率等等，這都是可以思考的命題。

給創作者的變現建議

常有創作者這樣問：「我到底該做我有熱情的主題？
還是做市場討喜的主題？」

綜合我所看過的眾多成功與失敗案例，我認為創作者
要「長期變現」，仍得選擇自己熱愛的主題，並且持續的
產出。

有些人可能會問：「如果因為堅持做自己喜歡的主題，
而賺不到錢只能放棄怎麼辦？」

我個人的觀點是：會輕言放棄就表示其實你沒那麼熱
愛，你是有所目的的在做這件事，才會因為沒有結果就選
擇放棄。

誰也不會曉得，你是否距離成功只有一步之遙，明天
就有機會遇到一個貴人、下個禮拜就能收到一個業配機
會，但因為你選擇在此刻放棄了，因此你便從此與機會無
緣。所謂的持續耕耘，不是一個月、兩個月，是長年一直
做下去。

因此，我在面對創作者時，經常都會問他們：「有什
麼事情，是你從小時候到現在都在做的嗎？」

知識變現的變與不變

最後，如果只能給一個知識變現最核心的建議，那便是：「用心創造好內容。」

若從歷史來看知識變現的變與不變，不變的是「好內容會持續被市場接受」，會改變的，僅是傳播的方式、變現模式。因此，堅持做好內容，並且關注傳播和變現模式，就能讓你立於不敗。

以傳播方式為例，中國前幾年興起音頻、微課程等形式，陸續皆影響到台灣，問問自己，這些形式你都足夠了解嗎？

再看回變現模式，你注意人們越來越願意購買摸不到的東西了嗎？其中最具體的案例，便是元宇宙的出現，讓大家開始在虛擬世界有更多的探索，也產生了更多的經濟活動，這些都是創作者的大好機會，你開始探索了嗎？

若創作者能在創造好內容之餘，多加思考世界如何變化、身體力行多探索，相信便更能從中把握住變現商機。

章節小思考

　　有什麼是我看完這本書，就可以付諸行動，而且持續
執行的改變？歡迎寫信跟我分享、交流你的心得與經驗。
yiru@kaik.com

第 4 節：
解決問題的 IMPACT 法則

　　解決問題而產生經驗，是我們知識累積的重要關鍵。本書我們談到了如何有效的學習，怎樣經營自己的專家型個人品牌與內容創作方向，卻還沒有提到解決問題的方法。這是因為我們假定大家都已經擁有自己解決問題的方法論，不過仍有許多朋友對於如何有效的解決問題有一定程度的需求。

　　所以在本書的最後一個段落，我們跟大家分享幾個解決各類問題的方法。其實解決周遭的問題就跟解數學題一樣。在這裡跟大家介紹一位知名的數學家波利亞 · 哲爾吉 (George Pólya)，他是匈牙利人，擔任過美國史丹佛大學的數學教授，曾於 1937 年提出了「波利亞計數定理」，是組合數學的重要工具。這之外，他長期從事數學教育，對數學思維的普遍規律有深入的研究。

數學家解題的步驟

　　波利亞曾經在 1940 年代出版過一本書《如何解題》

(How to Solve It?)，在這本書中他提出所有數學題目都可以透過四個步驟解決。分別是：

第一步：了解問題。波利亞認為，許多學生解題的時候，無法推導出正確答案的根本因素在於沒有看懂問題在問什麼。所以他建議一些讓人釐清問題的方法，比如反問自己「這問題要求的解是什麼？」「我們能用自己的話重新描述問題嗎？」「我們能清楚理解問題內所使用詞的定義嗎？」「有足夠的訊息讓我們解出題目嗎？」

第二步：制定計畫。了解問題以後，下一步就是要找到問題中的邏輯性，消除不可能的因素，使用推理或者公式等幫助。可以理解成，我們在戰場上統帥大軍時，了解敵我勢力後，進一步要制訂戰略計畫。這時候就要盤點自己擁有的資源。我們的已知有什麼？哪邊還可以得到線索，可以怎樣的從簡單的問題推導出隱性的已知條件？

第三步：執行計畫。這部分很好理解，當你有了戰略方向後，就是實際執行看看，直接試錯。如果這套方法無法得到正解，那就立刻捨棄，尋找其他可能的解法。

第四步：回顧延伸。執行計畫找出可能解答後，下一步就是我們都知道的驗算了。用其他方式導回去驗證這個答案是不是正確解。接著反思這次學到的解題策略跟模型，在未來怎樣的情境可以使用。是不是能導成公式或者模型更快速且直觀的應用在其他情境？

解決人生問題的模組

波利亞的解題策略可以很簡單地歸納成：釐清問題與現況、制定策略與計畫、實際測試與執行，以及最後的反思回顧與複檢。

然而隨著時代的演進，我們遭遇到的問題越加複雜，這個源自上個世紀的解題攻略似乎很難滿足我們的需求，所以我們把它延伸成一個名叫 IMPACT 的模型，分別是：

1. 識別問題 Identify Question
2. 掌握資訊 Master Info
3. 提供意義 Provide Meaning
4. 擬定行動 Plan Actions
5. 交流見解 Communicate Views

6. 追蹤成果 Track results

愛因斯坦講過一句話：「如果我有 1 小時拯救世界，我會花 55 分鐘去確認問題為何，只以 5 分鐘尋找解決方案。」所以識別問題才是解題的關鍵，許多人遇到問題無法解決，是因為一開頭就問錯問題了。

比如說，我們常常會問，怎樣創業才會成功。但其實成功有百百種原因，完成其中幾個成功條件並不等於就邁向成功，而是避免失敗才能真正通往成功之路。所以與其問怎樣能成功，不如思考，怎樣我們可以避免失敗？

問對問題本身就是最重要的事情，問題的導向不同，也會產生完全不同的解。舉例來說，今天有一對老夫妻要分遺產，如果他們思考的層次是：「孩子會不會因為遺產手足鬩牆？擁有財富會不會讓他們不求上進？」這種負面而且封閉的假設性問題，反而會框限住思考。

若是他們改變思維，思考自己真正想要的是什麼，又該怎樣才能達到目標，那麼老夫妻就會關注在「怎樣能讓孩子得到幸福」。此時問題已蛻變成「好的父母會留給孩子怎樣的東西，來幫助他們成就美好人生？」

所以對於人生的問題，我們也要追根究柢，不斷探詢

背後真正的關鍵，才能找到真正治標又治本的答案，而非滿足於一個浮木般的解決方案。

比如我們每個人都想要擁有財富，人人都希望得到財富自由，但如果問題只是問說：「我怎樣可以擁有財富地位？」那可能根本沒辦法解決人生問題。我們應該繼續探究：為什麼自己想要財富自由？是想要時間自由？選擇自由？還是什麼？過程中或許會發現，自己要的東西其實不一定要經過財富自由這個坎，改變生活跟工作型態就能達到。

找到更多已知去推導可能

當我們確定好要解決的核心問題是什麼以後，進一步要開始收集資源，那就要去掌握更多資訊。我們都知道「數學是已知求未知」，已知越多，越有可能接近解答。而這個資訊就是我們拓展已知的方法。

我們可以透過各種的學習找到資訊，這是一個資訊爆炸的時代，這也是為什麼許多人會有學習焦慮的原因，深怕自己掌握的訊息相較他人短缺，變成待宰的羔羊。而許多商業價值的形塑也是透過資訊的落差來達成。就如同為

什麼知識變現可以產生，也是在於你懂的東西別人不懂，因此他願意付費去獲得你會的東西。

　　這時候我們可以針對問題展開系統性的學習，就又能用到前面幾章提到的學習方法。比如你想解決當前你財務窘迫的問題，你就可以開始找相關領域的書籍或者課程做統整性的學習，了解當前其他專家如何處理跟應對。

學會辨別誰在胡說八道

　　但擁有一堆資訊也不等於我們就靠近解答了。2017年哈佛大學校長德魯・吉爾平・福斯特（Drew Gilpin Faust）在新生開學致詞說到：「大學教育的目的，在於讓學生能夠辨別有人在『胡說八道』。你們會在不斷的挑戰中學會這個能力，面對各種分歧跟異議，找到屬於自己的方向。」

　　這個有趣的致詞告訴我們一個很重要的道理：我們學到的資訊不見得是正確的。五百年前的人類相信地球是平的，宇宙繞著地球轉。我們今天相信的事物或許在未來也會成為荒誕不羈的錯誤。因此對於掌握的資訊，我們要經過邏輯推演跟判別，並且賦予它們一個意義。簡單的說，

就是不要人云亦云。

為什麼有人能掌握推演事物發展的洞見能力？就是因為他們能在多數人看到的表相中，找到冰山之下的意義與趨勢。知識的誕生也是源自於此，比如牛頓是如何發現地心引力？因為不斷探求事物的原理，不把事情看得理所當然。而看到這樣趨勢的人，也能更了解世界體系運轉背後的遊戲機制，這樣更有機會進行槓桿，獲得更大的價值與效益。

根據洞見擬定行動方案

擁有洞見，我們才能擬定行動方案，但要記得永遠要有最壞打算。許多人會恐懼未知，或者害怕失敗，就是因為他們沒有「備案」，因此我們無論時局是不是有利於自己，都要思考假設最壞情況發生，我們有沒有屬於自己的Plan B，也就是應對措施。無論局勢是好是壞，我們皆已準備好萬全準備，那自然不會害怕未知情況的發生了。

而擬定行動方案的過程中，也要不斷的去跟自己「左右互博」，同時對自己提出的解方不斷詰問：是否有更好的可行見解？有沒有什麼地方疏漏可能被攻破？自己跟自

己沙盤推演的過程中，也能一步步完備行動方案的細節。這過程中最好能使用視覺式的思考，讓自己沉浸在那個場景中，思考每一個細項可能產生的連動變化等等。

對於行動方案，我們也要帶入六何思考法，去檢視每個節點可能受到影響的人事時地物，或者所需要的資源。並且要預想：有沒有量化的指標可以見證目標的達成與否？每個項目的執行上是否有什麼需要預先達成的必要條件？整個解決方案中又有沒有什麼不能逾越的邊界條件存在？

請益夥伴交流見解找到思維盲區

然而，即便自己有再豐富的學養或洞見，畢竟「三個臭皮匠勝過一個諸葛亮」，過程中我們也要借重群體的力量，請益不同的夥伴，讓自己有學習以外的輸入。當然這也要回到先前我們說過的，對於別人給的建議，我們也要站穩核心思想，不要被帶節奏所影響而跑偏。

同時，講出自己的目標也有很大的好處，或許當下夥伴不能給予直接的助益，但當他知道你心之所向，如果遇到相關的資源跟可能性的時候，也會想起你然後協助串

聯。所以千萬不要有那種「如果目標大肆宣揚，沒達到會很丟臉」的這種心態。自己一個人閉門思考，難免會有許多誤區跟盲點，透過交流可以有很大的幫助。

　　向夥伴請益的方式之一，是參加許多社群，結交不同階層跟領域的朋友。讀書會是一個很好的入門管道，因為讀書會中，大家有共同的交談基礎，也就是書的本身。而且會對同一類書籍感到興趣的人，通常在目標上多少會有一些相關性。或許還能找到可以監督自己的夥伴。

持續追蹤執行進度推進解答

　　最後，我們可以用專案管理的精神來推進自己的目標，把任務拆解成小任務。舉例來說，如果你期待成為講師，那可以規劃先用課程跟其他學習方式來充實自己，最後思考怎樣登台演出。這當中你可以給每一個部份設下可量化考核的節點。比如學成後想要找舞台，除了自己辦講座外，最簡單的方式是跟母校聯繫，回到學校跟學弟妹分享。這時候我們就可以設定許多節點，哪些時候你要跟老師聯繫，又哪些時段應該完成什麼。接著不斷推進。

　　這本書的誕生過程也是如此。我們在構想這本書時約

莫是 2020 年第三季，先預估它兩年以後會上市，於是開始以終為始地往前推導：什麼時候大綱要出來？每個章節的題目是什麼？再把寫作進度排入日程中，就這樣一步一步地完成它。

　　最後要跟大家分享的是，為什麼我們要將知識透過文章、課程等方式資產化呢？因為我們每個人在這世界上都如同滄海一粟，非常的渺小，有一天我們終將遠離這個世

解決問題的IMPACT模型

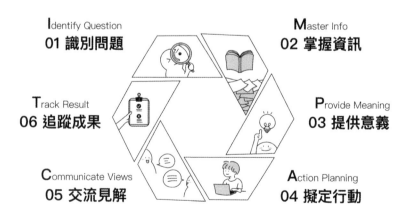

Identify Question
01 識別問題

Master Info
02 掌握資訊

Track Result
06 追蹤成果

Provide Meaning
03 提供意義

Communicate Views
05 交流見解

Action Planning
04 擬定行動

界。

是什麼造就人類的璀璨文明呢？其實就是歷代人的知識資產不斷疊加，這也是人類與動物不同的地方。人類有辦法傳遞知識，把所思所想透過各種媒介留存，代代的傳下去。所以我們也要努力把自己所知所會的事物傳承下去。這樣才能對人類社群整體，產生「知識複利」。

在知識學習的過程中，我們不只是在建構自己的知識體系，更是在探索自己將在何方，又將前往何處，想為世界留下什麼。相信透過這樣的更高層次、更高格局的思維，我們將有機會突破框架，看到前人所看不到的事情，讓自己的這一生留下一個具有深刻意義與內涵的價值。

期待這本書能為你帶來助益，若你覺得其中有收穫，我們誠摯邀請你，寫下這本書的心得與評價對外發表，讓更多人有機會因為你的分享，接觸到過去可能沒能接觸的領域，創造出屬於自己的知識複利。

專家點評

瓦基

「閱讀前哨站」、「下一本讀什麼？」創辦人

　　嗨，我是從台積電離職之後轉行推廣閱讀的說書人「瓦基」（莊勝翔），同時也是書評部落格「閱讀前哨站」和熱門 Podcast 說書節目「下一本讀什麼？」的創辦人。我想跟你分享一個故事，關於我如何解決「沒有時間看書」的問題。這段解決問題的心路歷程，正好是 IMPACT 法則的最佳呼應。

　　起初，在我開始推廣閱讀的時候，只是每個禮拜寫一篇讀書心得文章，然後貼在部落格上面，壓根沒有想到要錄製成 Podcast 說書節目。直到我聽到我的親人告訴我：「瓦基，你雖然經常發表讀書心得文章，但我沒時間看書，甚至連看文章的時間都沒有。」

　　我心想：「是什麼樣的情形，竟然連每個禮拜只要撥出十分鐘的閱讀時間也沒有？」

　　順著這個問題，我開始請教身旁親友的想法。是我把文章寫得太長嗎？寫得不夠吸引人嗎？還是排版跟格式不

夠美觀呢？我得到的答案讓我十分吃驚。有些親友說滑手機划久了眼睛會乾澀，不喜歡用手機看文章。有些親友說平常就是沒有閱讀網路文章的習慣。有些親友寧可聽廣播，看 YouTube，也不太想閱讀文字。我識別出了這個問題背後的真因，問題不在於「內容」的本身，而是傳遞內容的「媒介」。

從掌握資訊到展開行動

接著，我研究了市面上發表讀書心得的部落客、YouTuber，以及許多「付費聽說書」的服務，試著去比較各種傳遞方式的優缺點，以及它們未來的成長性。在蒐集資訊的過程中，我發現 Podcast 的說書節目領域是一塊空缺的領域，所以又進一步了解 Podcast 的傳遞特性：通勤時候聽、做家事的時候聽、運動的時候聽。簡單來說，善用「零碎時間」、且不需要用「眼睛」就可以吸收內容。Bingo ！這正是解決「沒有時間閱讀文章」的解方。

而打從我一開始撰寫部落格文章的時候，這件事對我的意義就是透過閱讀，讓自己持續不斷地成長，並且透過數位傳播的力量擴大閱讀的影響力。對別人的意義則是，

短時間、高效率地吸收新的好書知識、找到一個持續策展
書單的愛書人、體認到閱讀真的能帶來改變生命的力量。
秉持著這個精神，我開始規劃要怎麼同步用 Podcast 的方
式來傳遞內容。

　　我設計了一種同時兼顧部落格文章，以及 Podcast 文
稿的撰文方式，來達到有限時間之內對同一份內容的最大
化利用。基於原本的讀書心得內容之外，我加上了一些個
人風格的敘事手法，額外穿插一點個人故事和觀點，繪製
一份 Podcast 專用的說書心智圖。

　　接著，我就開始錄製每週兩集的 Podcast 說書節目，
並且透過持續成長中的部落格和社群平台來宣傳這個新節
目。

　　我將新上架的節目和文章同步發表在讀書類型的
Facebook 社團，聽取聽眾的回饋，我也在節目中鼓勵聽眾
留言和寫信給我。原本不太閱讀的親友們紛紛給我熱情的
回饋，告訴我通勤的時候有了這個收聽方式，讓書中的知
識變得方便吸收許多。我原本認識的一些愛書 KOL 也樂
於回饋建議給我，幫我進一步改善錄製的口條、脈絡和摘
錄重點的方式。

追蹤成果

　　由於部落格和 Podcast 都擁有數位資訊傳播的優勢，可以讓我很方便地追蹤點閱和收聽的流量表現，只要懂得基本的網路應用和操作，就可以有效地觀察成長的趨勢。接著，數據會說話，驗證了新的 Podcast 說書管道，跟舊的部落格達到了相輔相成的效果。隨著時間過去，你只要知道自己是在穩定成長的軌道上就好了，反而不需要強求猛爆性的成長。今天的成功，都是過去持續付出和累積的成果。

結語
學習的目的——
找到屬於你人生的解答

　　每年在台北小巨蛋會有由 Yourator 人才媒合平台所舉辦的數位創新求職博覽會，我連續幾年受邀在這個博覽會中擔任履歷健診跟職涯諮詢的老師，提供來的年輕人諮詢。一天我們會接觸上百位的青年，向我們提出問題。

　　常常遇到的情況是年輕人，其中不乏頂大畢業生，拿了他的履歷問：「老師，您認為我適合做什麼？」看到他們精彩的履歷，有參加過商業競賽得名的，也有大學參與國科會計畫的，甚至有已經擁有專利的，這麼好的背景，都讓我很困惑，為什麼他們會不知道自己要做什麼？又為什麼會問一個剛見面的人「自己適合什麼？」。

　　我後來發現，其實這跟我們的文化與教育體系有很大的關係。我們過往的教育會讓孩子們相信有一個「標準答案」，加上儒家思想的薰陶，集體主義的文化脈絡下，大家會相信認為有一個最佳解，而年輕人就會試著往那個最佳解去靠攏，比如相信進怎樣的企業就是好的，相信走怎樣的產業就能得到社會期待的成功。

　　這樣的氛圍下，許多人反而走上錯的道路，走到不適合他的領域。即便進了看似人人稱羨的大公司，薪水好的工作，但是自己卻不快樂。每個禮拜一都很掙扎的起床，期待著周五的到來，工作中得不到熱情。這是很可惜的事情。

　　本書談了許多有關知識複利的方法，但學習真正的目的，是要讓我們找到屬於自己人生的最佳解答，創造出價值與意義。我們要找到更高的願景，這樣你的價值才能歷久彌新，不斷延伸下去。

別人無法告訴你人生解答

　　未來的時代是沒有標準答案的。不過很多人遇到生涯的選擇，還是試圖去找到符合社會期待的標準答案。為什麼呢？那是因為我們過往的教育體系並沒有教大家如何真正的學習，也就是不懂得如何找答案，而是多半去記憶「標準答案」。

　　這讓青年在面臨人生選擇時，往往試圖「訴諸權威」，想找一個老師來給一個最佳解，自己再照著做就好。但這樣十分危險，因為這樣照著做之前並沒有仔細思考，結果

造成許多年輕人迷茫於自己的前途。況且，別人並不能為我們人生負責，即便是專業的職涯諮詢師，也不會鐵口直斷的說對方適合什麼工作，而是透過引導的方式，讓他釐清自己的興趣熱情與價值觀，自己找到解答。

這本書也不是一個標準答案，我們鼓勵你親身驗證它、實踐它、批評它，質疑它。為什麼驗證很重要呢？我剛升上國中時，有次數學老師拿著尺規畫了一堆圖在黑板上，她用了好幾個方法、幾十分鐘想要證明畢氏定理，亦即 a 方加上 b 方等於 c 方。這個公式我國小就學過了，所以我舉起手問老師：「老師為什麼我們要證明這個？這個公式我國小就會了，這樣不是在浪費時間嗎？」

老師告訴我：「欸，你不證明，你怎麼知道它有沒有騙你啊？」這句話對我幼小的心靈留下很大的衝擊，我心中升起無限問號：「課本會騙我？為什麼要騙我？課本有可能是錯的？」我開始發現，在習以為常的事情或問題背後，或許我們都應該自己思考脈絡，找到屬於自己的答案，而不只是被動接受。

那我們回來講教育的問題：為什麼過去的教育沒辦法讓孩子「自己找到人生的解答」？其實在於我們多半的人都誤把「記憶」當學習，造成許多人「高分而低能」，欠

缺定義問題、解決問題的能力。如果錯把記憶當學習，那隨著時間過去，所學的知識點都會被忘卻，需要的時候反而用不上，自然會覺得知識無用。

以記憶當學習的方式會有很多弊端，畢竟人的大腦不是電腦，我們輸入訊息後，大腦無時無刻都在重整跟重新鏈結，所以記憶不只容量有限，更難把所有情境都記下來。在現實的生活跟應用中，我們可能會遇到無數情況，但如果要把每個例子都記下來去搜索最佳解，那幾乎是不可能的。

把食譜背起來不等於會做菜

而學習就是要我們從有限的例子中，歸納出因果關係，找出問題跟答案的「規律」。這個規律，才是「知識」真正的本體。學習本身就是利用「知識」來壓縮訊息，讓我們可以透過「推演」的方式，找到未知問題的解答。

舉個最簡單的例子，人類歷史數千年，然而「地球不是平的」這件事情，卻是這四、五百年才發現的。現在我們都知道地球是圓的，繞著太陽轉，其上又有銀河系。然而，我們現在「信以為真」的這些東西，或許過 100 年後，

又會成為另一個無稽之談。

　　大家也可嘗試擺脫既有的思考框架，找到表象之下的成因。舉例來說，像歷史上臺灣各個政權都曾經推崇鄭氏王朝，但他們背後的原因都不一樣。比如清末是著眼於鄭成功驅逐荷蘭人的民族大義；日本人看中他母系的日本血統；國府則是投射鄭氏反清復明的政治立場；近代有些人則認為鄭氏是台灣第一個獨立政權。他們雖然都推崇其人，背後的思維與目的卻不同。

　　而人的大腦，就是透過例子去找到問題與答案之間的規律，進而塑造大腦對於問題理解與判斷的鏈結。很多人根本上不理解到底問題與答案的本質是什麼，最後只有「記住」了知識的描述。但回到我們說的：「記憶」本身並不是「學習」，「知識」也不等於「訊息」。

　　這就好像學習做菜不只是記憶食譜的內容，照著執行而已，而是要了解每個食材的性質與常見的搭配方式，進而能推演出「新狀況下的新解答」。比如當手上的食材存量並不足以配齊食譜上的完整內容，那應該加減哪些部分，仍能完成不錯的料理。也就是要「融會貫通」，進而能「臨機應變」，這才是學習的本質。如果單純只有記憶，那其實只是在做「執行」這個過程，而這樣的方式在未來

大多會被機器人取代掉。

　　古諺「知其然，更要知其所以然」就是要拆解問題背後的脈絡，同時找到背後的規律，建構出屬於自己能夠應對類似問題的模型。但過去我們的考試教育讓孩子偏向在既有問題上去「記憶」解法與答案，而沒有發展出自己探索出可行見解的方式，所以遇到問題，才會試圖找權威解，直接去照標準答案執行。

　　這就讓學科之間產生壁壘，當學習被誤當成記憶，對於學習成果的量化評比就會變成在比拚誰有更好的記憶能力，而非問題解決能力。等日後遇到界線外的「新形態問題」，就沒有辦法自己找到答案。而新時代的素養教育，就是想要解決這樣的狀況，讓訊息彼此串聯成為真正能解決問題的「知識」，讓學生透過許多例子找到答案跟問題間的規律，也就是解決方法，進而擁有解決新問題的能力。

　　這其實也是目前人工智慧發展中機器學習的根本方式。我們透過餵養人工智慧許多大數據的資料，讓它找到問題與解答中的規律性，進而發展出能解決問題的模型。最有趣的是，這才是人類思考的核心模式，可是我們讓機器學習人類如何思考，卻在學習上期待學生可以像機器一

樣大量記憶訊息，就顯得本末倒置了。

問對問題才能活出自己

回到我們剛剛提到的迷茫問題，當年輕人拿著履歷問說「老師，我適合做什麼？」他根本上並沒有在問「問題」，而是直接要一個解答想要照做。

好的問題應該是：「我的熱情與興趣是什麼？」、「我是怎樣的人？」、「我未來想成為怎樣的人跟過怎樣的生活？」、「我的成就動力與價值來源會是什麼？」、「我有怎樣的核心價值觀？」，然後把這些小問題的解答，串接成「透過怎樣的方法，可以在符合我性格、興趣、熱情與價值觀的情境下，邁向我想要的生活，創造有價值的人生？」這個大問題的解答。

這時候，再透過剛剛所說的，找尋例子中的規律，有哪些典範人物，用怎樣的方法達成我也想要的生活與工作型態？我可以歸納出怎樣的路徑嘗試？而這個答案，其實只有自己能找到。而面對這樣的生涯必經的問題，我們其實可以在孩子還小時，就引導他思考這樣的問題，並且慢慢形成屬於他自己的思維模型，這樣他才能真正活出屬於

自己的人生。

這本書，就是提供許多我們在知識學習跟創造價值上既有的模型跟思維模式提供你參考。這些都是我們多年的驗證跟訪談而來，這當中或許有你能應用的，但我們更期待你能吸收後，創造出屬於你的思維模型。

同時，我們也有可能會被限制在所處時代的思維模式，但如果跳脫時空，或許會看到不一樣的可能性。同時也要知道，怎樣「觀察」就會決定你得到怎樣的想法跟答案。這也是為什麼我們會說未來的時代沒有標準答案的原因。更進一步說，我們也要破除世界上有一個「絕對真理」的迷思，或許世界有很多無限可能，就等著你去證明跟推翻，找到屬於你的答案。

再舉個故事為例：許多人到曹操，想到的是奸雄，但在歷史上曹操的形象不斷轉變。北宋以前，曹魏都被當作正統，曹操是雄才大略的開國君主。到南宋以後，曹操形象急轉直下，背後原因很大一部份跟當朝政權的成立基礎有關。唐跟北宋都可以說是篡位而建政，自然跟曹操更能共情，然而南宋建炎南渡，失去北方大地的情境，反而在三國中更對應蜀漢，難怪會對曹操反感。

就像我們現在都認為自由民主是理所當然的，性別平

權、同志婚姻也是當代主流的社會價值，然而在 40 年前的臺灣卻會看到完全不同的景象。或許到了 2050 年，那時的社會思潮跟普世價值又與今天差異甚大。我們現在很多視為圭臬的價值觀，到那時也都可能被顛覆。

所以，面對每件未經檢驗的事情，我們都應該抱持懷疑，思考它背後的原因跟脈絡，並且透過解讀去學習、發現跟創造，找到成長跟蛻變的要素。不只是接受所謂理所當然的標準答案，而是透過解讀自身與萬物，思考本質的意義，創造屬於自己的未來。

期待這本書對你有幫助，如果你有個人品牌經營或者知識複利的其他疑問，歡迎你聯繫我們，我們將竭誠為你提供協助。

何則文、高永祺

國家圖書館出版品預行編目資料

知識複利 : 將內容變現，打造專家型個人品牌的策略 =
Knowledge realization : a guide to expert personal branding
management and content monetization strategies/何則文, 高
永祺著. -- 初版. -- 臺北市 : 遠流出版事業股份有限公司,
2022.06
面 ; 公分
ISBN 978-957-32-9277-7(平裝)

1.品牌 2.行銷策略 3.策略規劃

496.14   110014270

知識複利

將內容變現，打造專家型個人品牌的策略
Knowledge Realization : A Guide to Expert Personal Branding Management and
Content Monetization Strategies

作　　者 何則文、高永祺
行銷企畫 劉妍伶
執行編輯 陳希林
封面設計 陳文德
內文構成 6 宅貓

發 行 人 王榮文
出版發行 遠流出版事業股份有限公司
地　　址 104005 臺北市中山區中山北路一段 11 號 13 樓
客服電話 02-2571-0297
傳　　真 02-2571-0197
郵　　撥 0189456-1
著作權顧問 蕭雄淋律師
2022 年 07 月 18 日 初版四刷
定價 平裝新台幣 400 元（如有缺頁或破損，請寄回更換）
有著作權 • 侵害必究 Printed in Taiwan
ISBN：978-957-32-9277-7
Ylib 遠流博識網 http://www.ylib.com
E-mail: ylib@ylib.com